ESCANEE EL CÓDIGO PARA ACCEDER A SU COPIA DIGITAL GRATUITA

SCAN ME

ESTE LIBRO
PERTENECE A

_____

ÍNDICE

LÓBULOS DEL CEREBRO (VISTA LATERAL Y SUPERIOR)

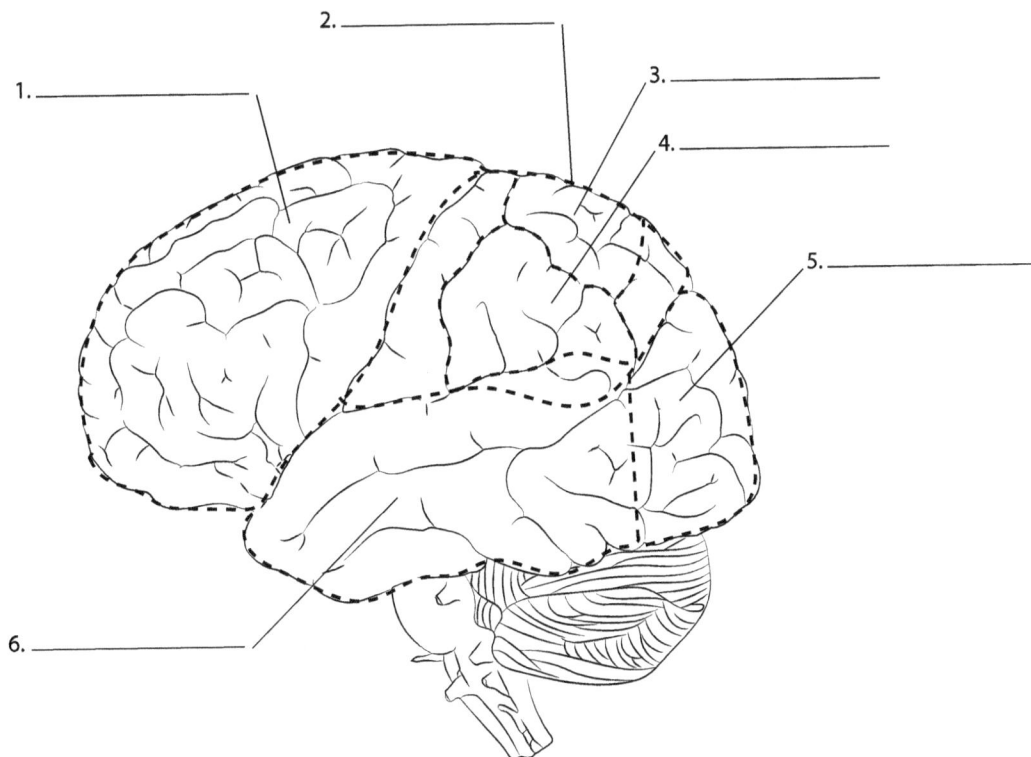

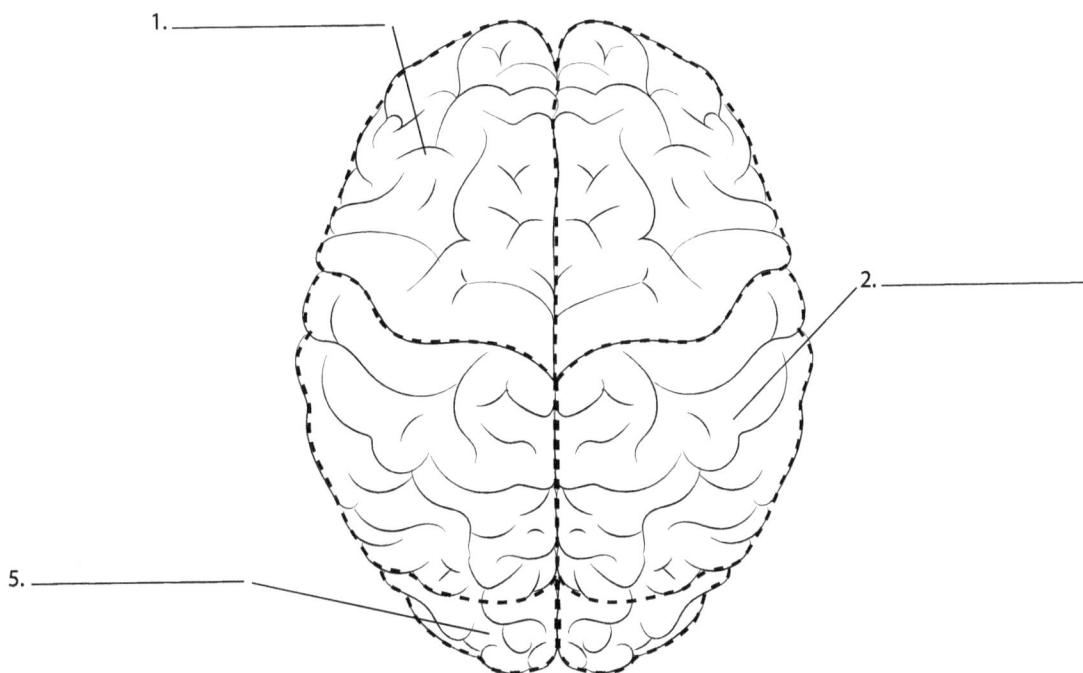

1. _____

2. _____

3. _____

4. _____

5. _____

6. _____

1. _____

2. _____

5. _____

LÓBULOS DEL CEREBRO (VISTA LATERAL)

1. Lóbulo frontal
2. Lobulo parietal
3. Lóbulo parietal superior
4. Lóbulo parietal inferior
5. Lóbulo occipital
6. Lóbulo temporal

CIRCUNVOLUCIONES Y SURCOS DEL CEREBRO HUMANO (VISTA LATERAL)

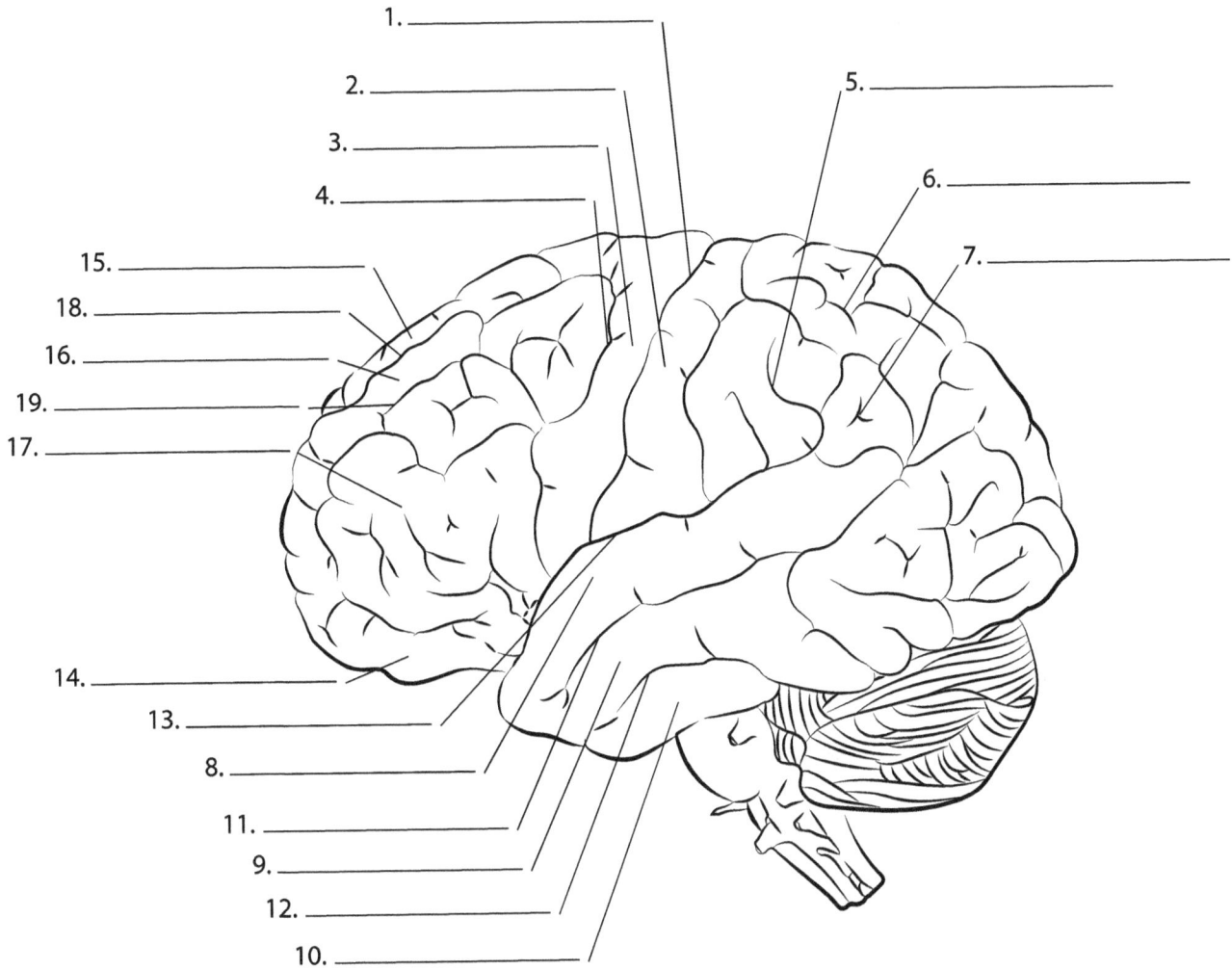

1. _____
2. _____
3. _____
4. _____
5. _____
6. _____
7. _____
15. _____
18. _____
16. _____
19. _____
17. _____
14. _____
13. _____
8. _____
11. _____
9. _____
12. _____
10. _____

CIRCUNVOLUCIONES Y SURCOS DEL CEREBRO HUMANO (VISTA LATERAL)

1. Surco central (Rolando)
2. Giro poscentral
3. Precentral circunvolución
4. Surco precentral
5. Circunvolución supramarginal
6. Surco intraparietal
7. Gyrus angular
8. Circunvolución temporal superior
9. Circunvolución temporal media
10. Circunvolución temporal inferior
11. Surco temporal superior
12. Surco temporal medio
13. Surco lateral (silvio)
14. Circunvolución orbital
15. Circunvolución frontal superior
16. Circunvolución frontal media
17. Circunvolución frontal inferior
18. Surco frontal superior
19. Surco frontal inferior

VISTA INFERIOR DEL CEREBRO HUMANO

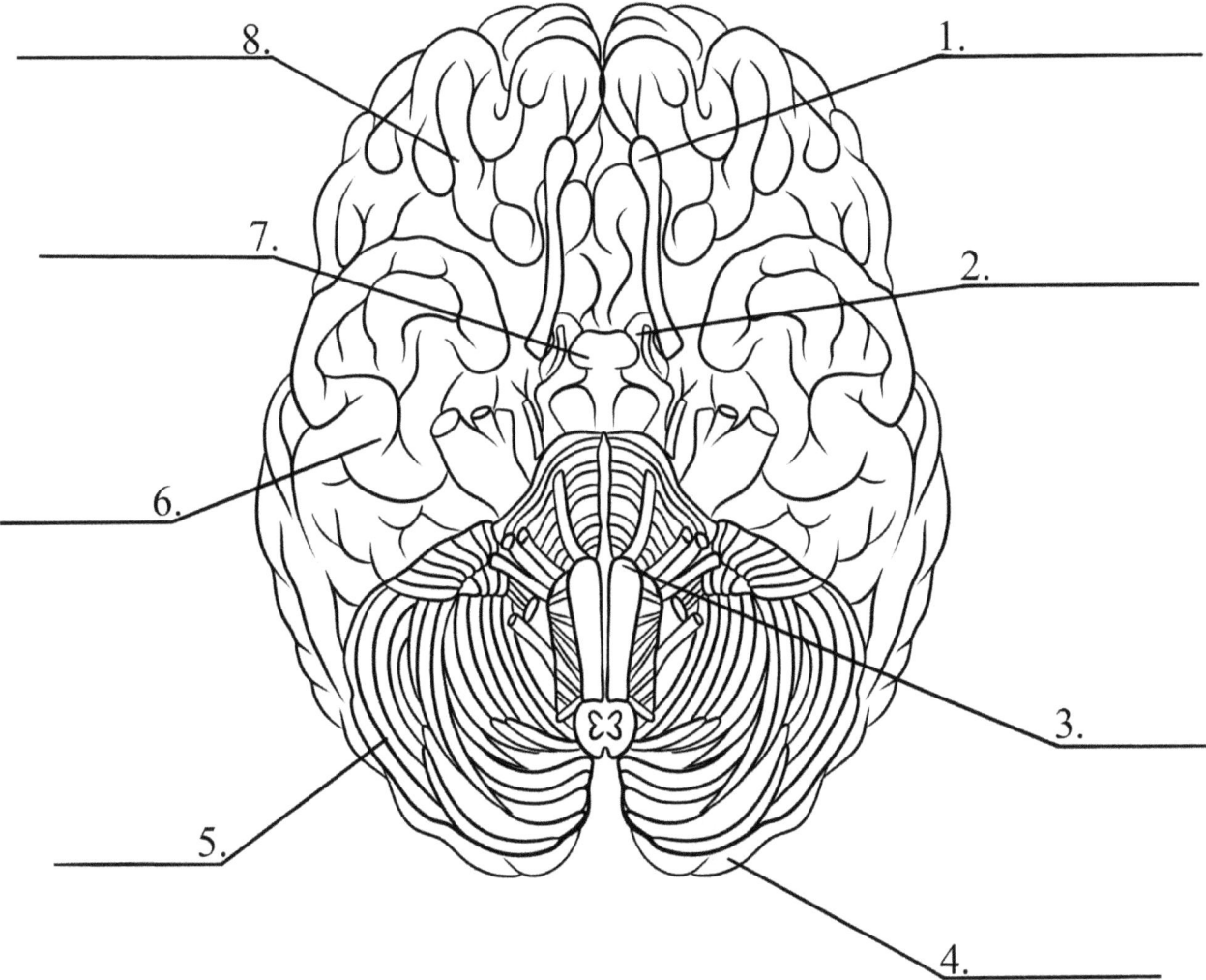

8.

1.

7.

2.

6.

3.

5.

4.

VISTA INFERIOR DEL CEREBRO HUMANO

1. Bulbo olfativo

2. Quiasma óptico

3. Tronco cerebral

4. Lóbulo occipital

5. Cerebelo

6. Lóbulo temporal

7. Infundíbulo

8. Lóbulo frontal

ÁREAS FUNCIONALES DEL CEREBRO HUMANO (VISTA LATERAL)

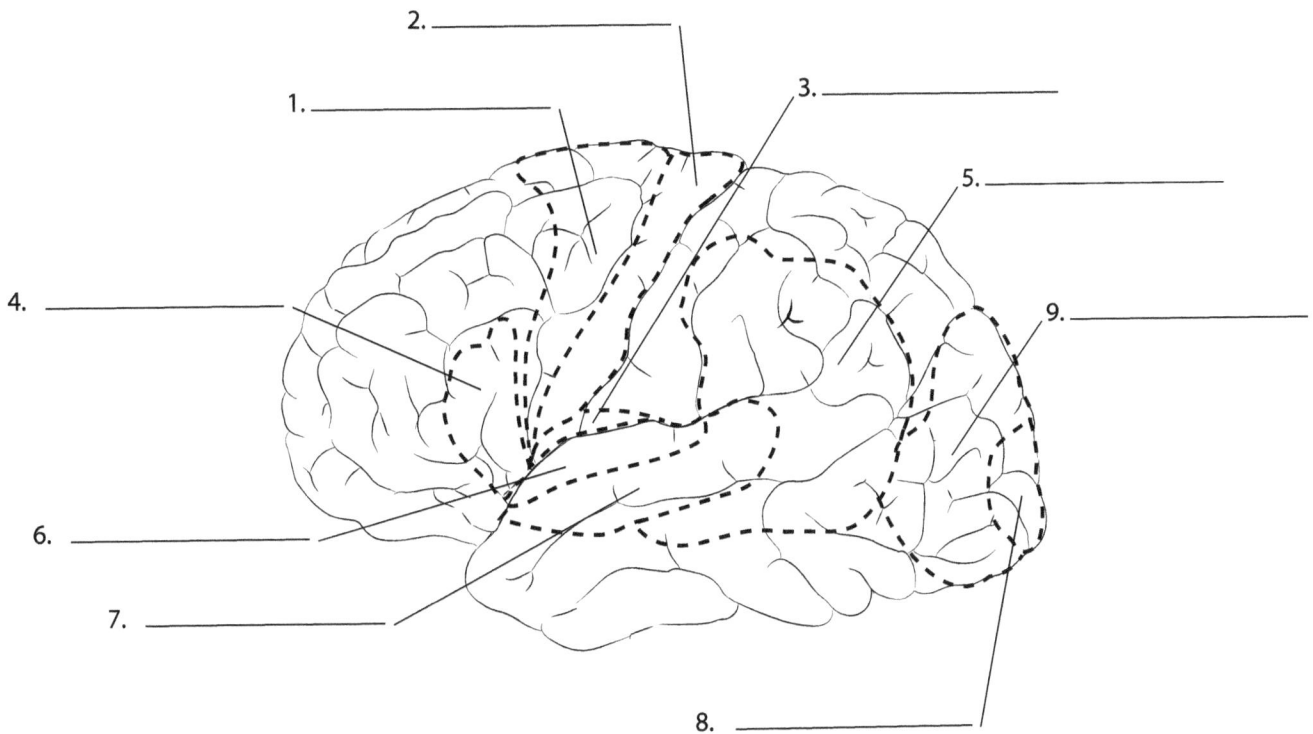

2. _____

1. _____

3. _____

5. _____

4. _____

9. _____

6. _____

7. _____

8. _____

ÁREAS FUNCIONALES DEL CEREBRO HUMANO (VISTA LATERAL)

1. Área del motor primario
2. Área sensorial primaria
3. Área motora y sensorial secundaria
4. Área del habla anterior (motora) (área de Broca)
5. Área posterior (sensorial) del habla (área de Wernicke)
6. Área auditiva primaria
7. Área auditiva secundaria
8. Área visual primaria
9. Área visual secundaria

SECCIÓN SAGITAL DEL CEREBRO HUMANO

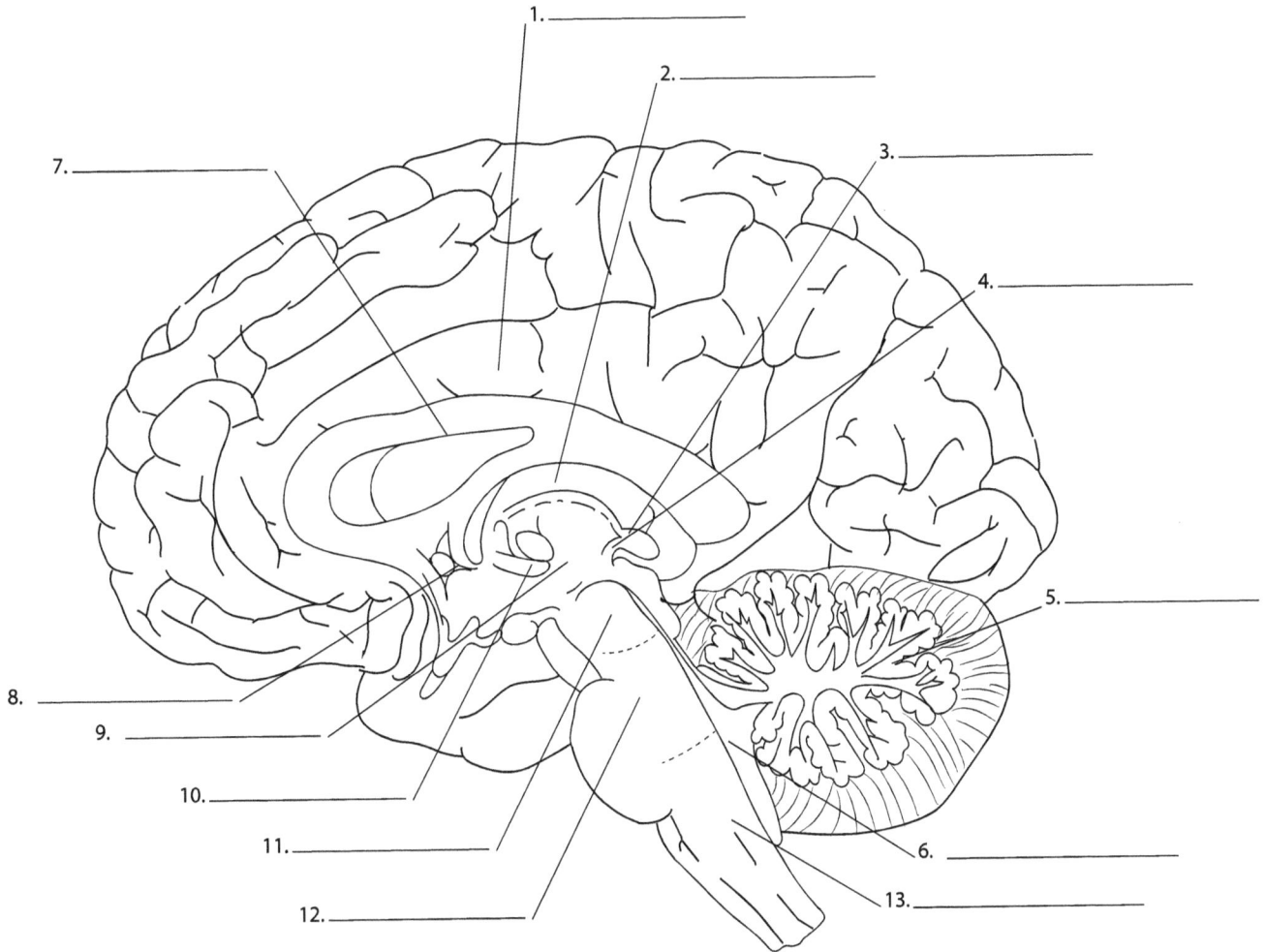

1. _____

2. _____

3. _____

7. _____

4. _____

5. _____

8. _____

9. _____

10. _____

11. _____

6. _____

13. _____

12. _____

SECCIÓN SAGITAL DEL CEREBRO HUMANO

1. Circunvolución del cíngulo

2. Fornix

3. Glándula pineal

4. Comisura posterior

5. Cerebelo

6. Cuarto ventrículo

7. Cuerpo calloso

8. Comisura anterior

9. Diencéfalo

10. Surco hipotalámico

11. Mesencéfalo

12. Puente de Varolio

13. Medula oblonga

SECCIÓN CORONAL DEL CEREBRO HUMANO

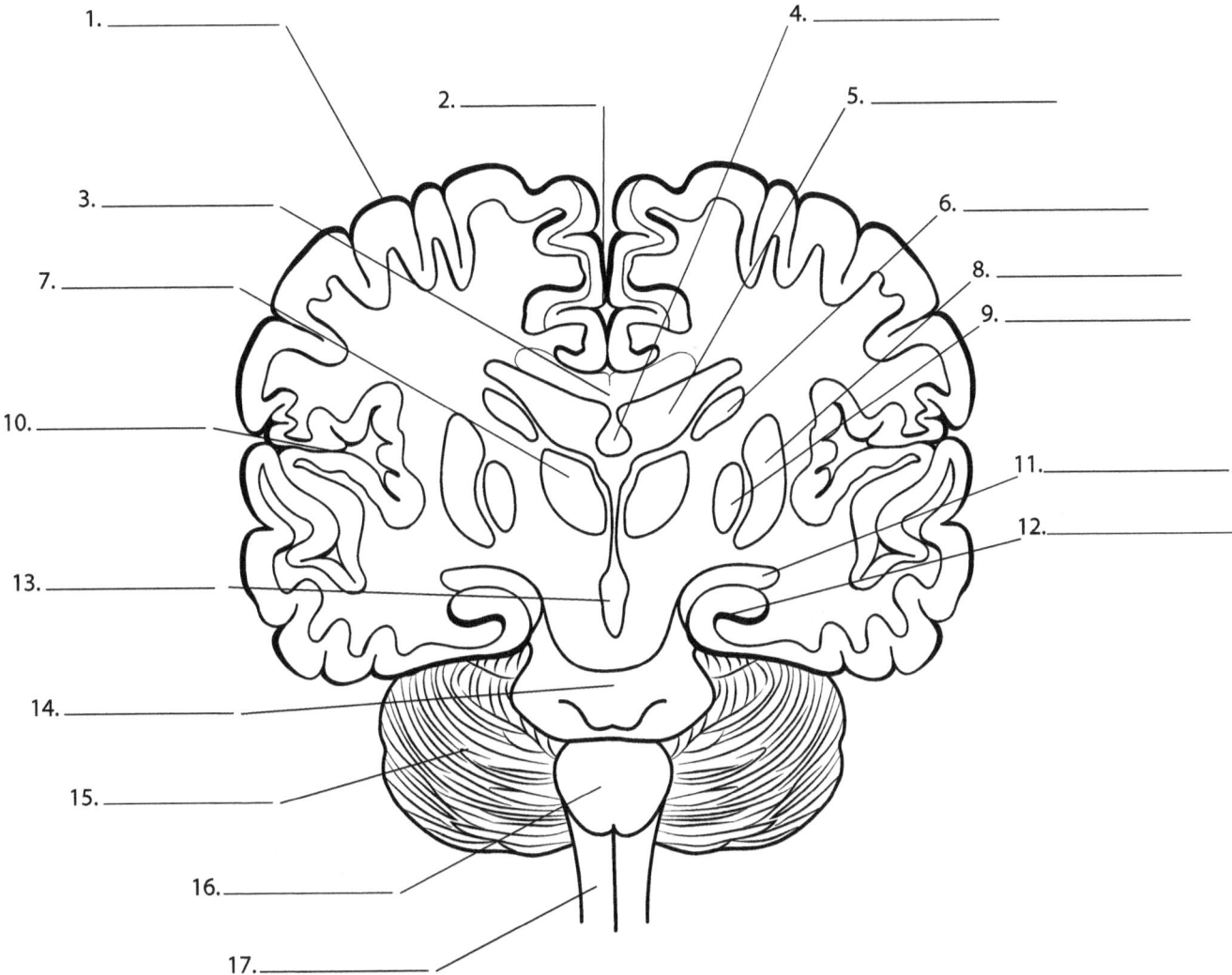

1. _____

2. _____

3. _____

4. _____

5. _____

6. _____

7. _____

8. _____

9. _____

10. _____

11. _____

12. _____

13. _____

14. _____

15. _____

16. _____

17. _____

SECCIÓN CORONAL DEL CEREBRO HUMANO

1. Corteza cerebral
2. Fisura longitudinal
3. Cuerpo calloso
4. Fornix
5. Ventrículo lateral
6. Núcleo caudado
7. Tálamo
8. Putamen
9. Globus pallidus
10. Surco lateral
11. Hipocampo
12. Giro del hipocampo
13. Tercer ventrículo
14. Puente de Varolio
15. Cerebelo
16. Medula oblonga
17. Médula espinal

NERVIOS CRANEALES

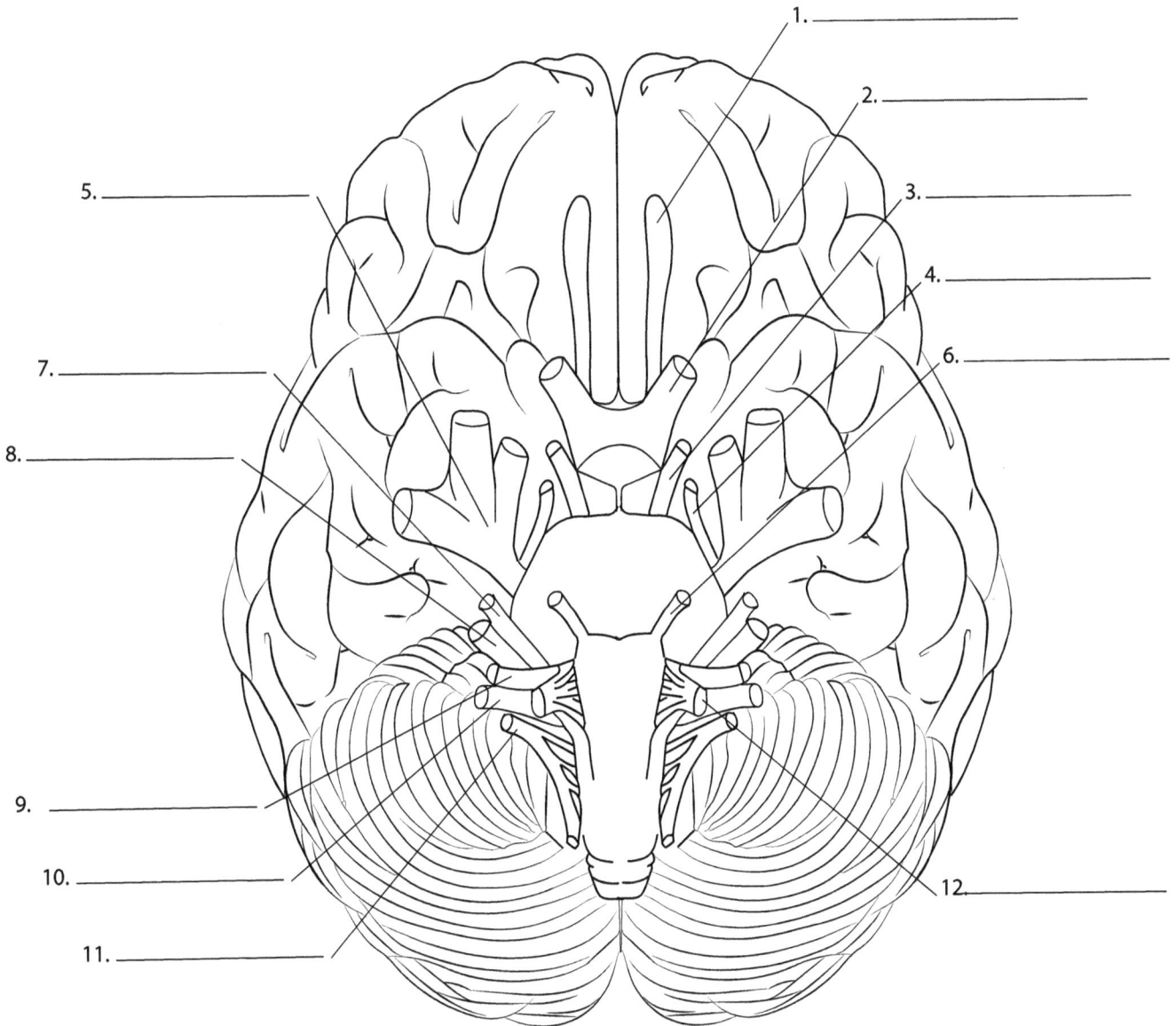

1. _____

2. _____

3. _____

4. _____

5. _____

6. _____

7. _____

8. _____

9. _____

10. _____

11. _____

12. _____

NERVIOS CRANEALES

1. Olfativo
2. Óptico
3. Oculomotor
4. Troclear
5. Trigémino
6. Abducens
7. Facial
8. Vestibulococlear
9. Glosofaríngeo
10. Vago
11. Accesorio
12. Hipogloso

SECCIÓN TRANSVERSAL DEL MESENCÉFALO

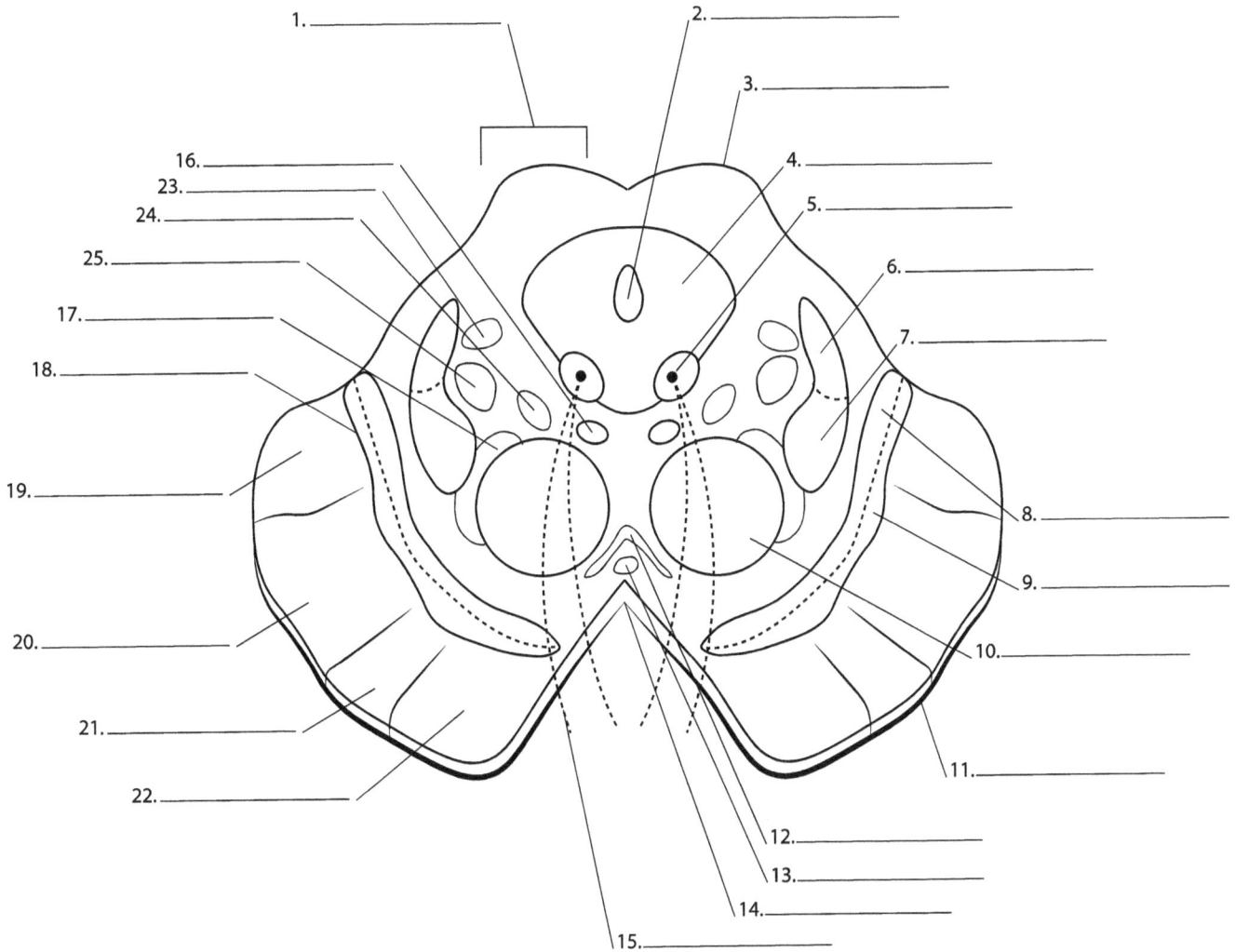

1.
2.
3.
4.
5.
6.
7.
8.
9.
10.
11.
12.
13.
14.
15.
16.
17.
18.
19.
20.
21.
22.
23.
24.
25.

SECCIÓN TRANSVERSAL DEL MESENCÉFALO

1. Tectum
2. Acueducto cerebral
3. Colículo superior
4. Gris periacueductal (PAG)
5. Núcleo oculomotor
6. Tractos espinotalámico y trigéminotalámico
7. Lemnisco medial
8. Pars compacta
9. Pars reticulata
10. Núcleo rojo
11. Crus cerebri
12. Decusación tegmental anterior
13. Núcleo interpeduncular
14. Área tegmental ventral
15. Fibras radiculares del nervio motor ocular común
16. Fascículo longitudinal medial
17. Fibras cerebelotalámicas
18. Sustancia negra
19. Fibras parieto, occipito, temporopontina
20. Fibras corticoespinales
21. Fibras corticonucleares (corticobulbar)
22. Fibras frontopontinas
23. Fibras trigeminotalámicas posteriores
24. Tracto tegmental central
25. Fibras trigeminotalámicas anteriores

SECCIÓN TRANSVERSAL DE LA PROTUBERANCIA
(PARTE SUPERIOR E INFERIOR)

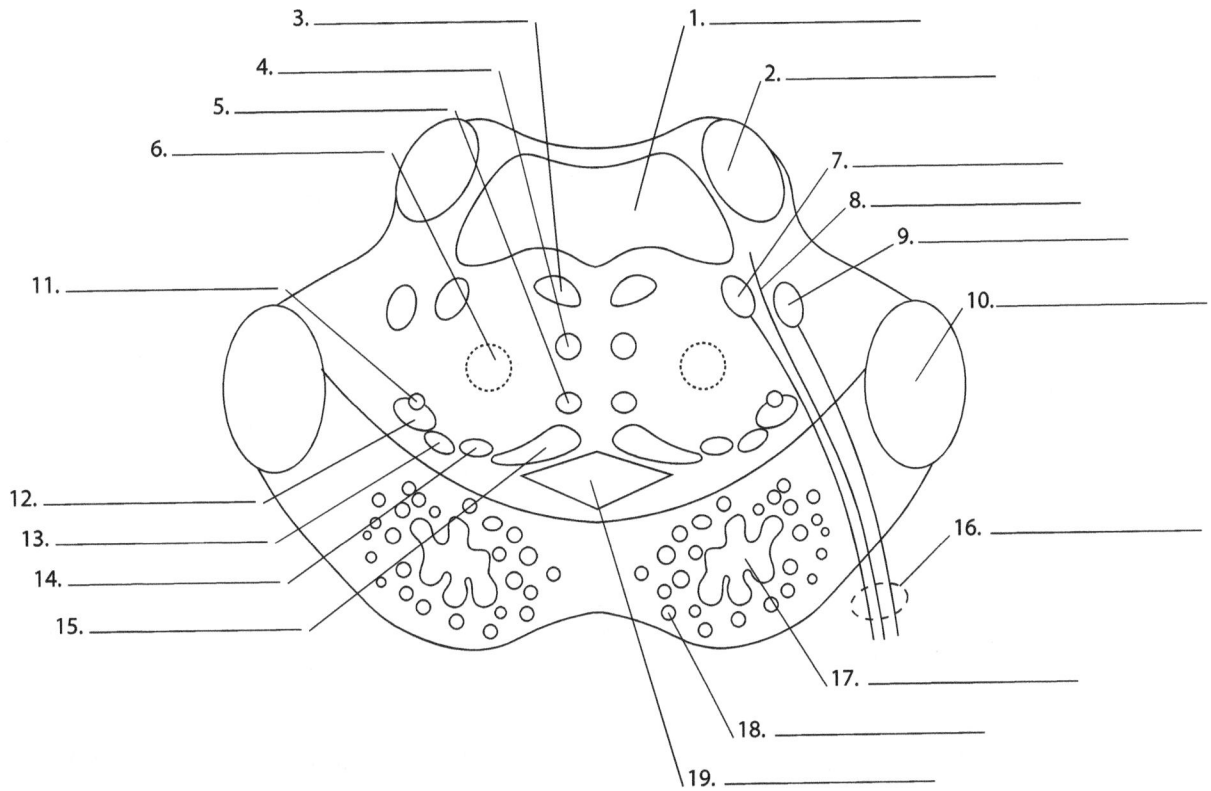

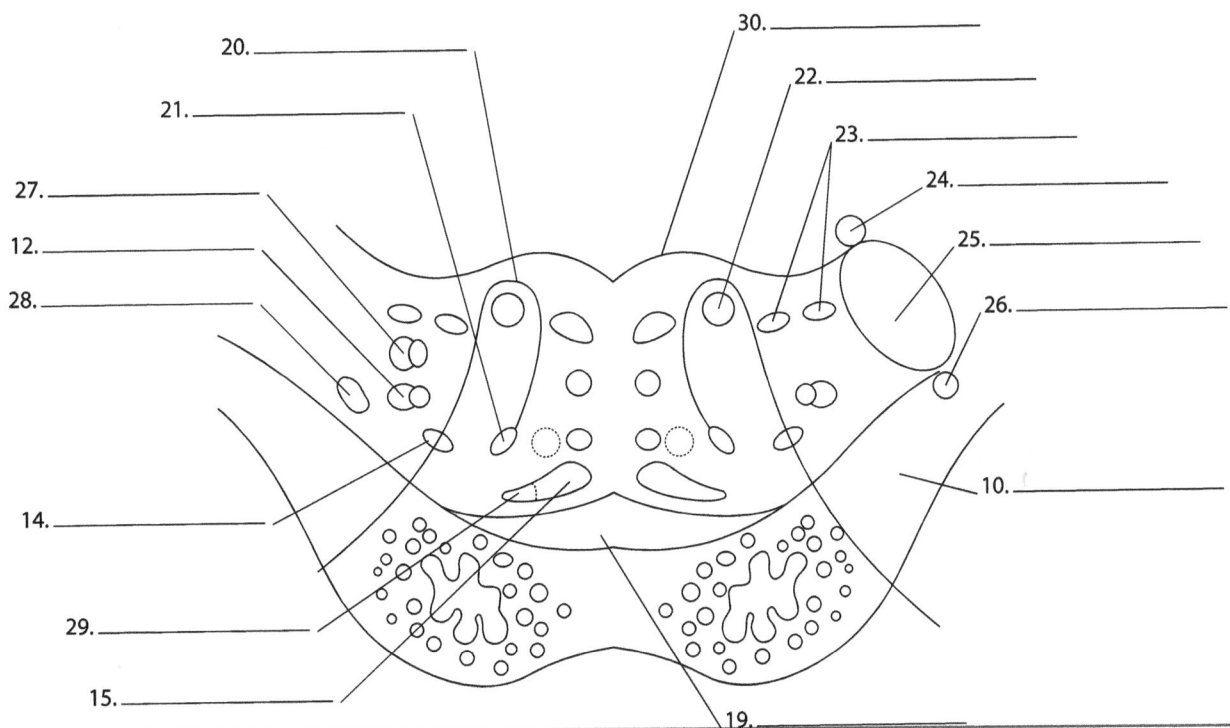

3. _____
1. _____
4. _____
2. _____
5. _____
6. _____
7. _____
8. _____
9. _____
11. _____
10. _____
12. _____
13. _____
16. _____
14. _____
15. _____
17. _____
18. _____
19. _____

20. _____
30. _____
21. _____
22. _____
23. _____
27. _____
24. _____
12. _____
25. _____
28. _____
26. _____
10. _____
14. _____
29. _____
15. _____
19. _____

SECCIÓN TRANSVERSAL DE LA PROTUBERANCIA (PARTE SUPERIOR E INFERIOR)

1. Cuarto ventrículo
2. Pedúnculo cerebeloso superior
3. Haz longitudinal medial
4. Tracto tectoespinal
5. Tracto rubroespinal
6. Tracto tegmental central
7. Núcleo motor del nervio trigémino
8. Raíz mesencefálica del nervio trigémino
9. Núcleo sensorial principal del nervio trigémino
10. Pedúnculo cerebeloso medio
11. Núcleo olivar superior
12. Lemnisco lateral
13. Lemnisco espinal
14. Lemnisco del trigémino
15. Lemnisco medial
16. Nervio trigémino
17. Fibras corticoespinales y corticonucleares
18. Núcleos Pontinos
19. Cuerpo trapezoide
20. Nervio facial
21. Núcleo del nervio facial
22. Núcleo abducente
23. Núcleos vestibulares
24. Núcleo coclear dorsal
25. Pedúnculo cerebeloso inferior
26. Núcleo coclear ventral
27. Núcleo espinal y tracto del nervio trigémino
28. Tracto espinocerebeloso ventral
29. Tracto espinotalámico anterior
30. Colículo facial

SECCIÓN TRANSVERSAL DE LA MÉDULA (AL NIVEL DEL CUERPO OLIVAR)

1. _____

2. _____

3. _____

4. _____

5. _____

6. _____

7. _____

8. _____

9. _____

10. _____

11. _____

12. _____

13. _____

14. _____

15. _____

16. _____

17. _____

18. _____

19. _____

20. _____

21. _____

22. _____

23. _____

SECCIÓN TRANSVERSAL DE LA MÉDULA (AL NIVEL DEL CUERPO OLIVAR)

1. Núcleo del tracto solitario
2. Núcleos vestibulares
3. Pedúnculo cerebral inferior
4. Núcleos cocleares
5. Tracto espinocerebeloso dorsal
6. Núcleo espinal y tracto del nervio trigémino
7. Tracto espinocerebeloso ventral
8. Tractos espinotalámicos y espinotectales laterales
9. Tracto espinotalámico anterior
10. Lemnisco medial
11. Fasículo longitudinal medial
12. Núcleo hipogloso
13. Núcleo vagal dorsal
14. Tracto tectoespinal
15. Núcleo ambiguo
16. Cuerpo pontobulbar
17. Tracto vestibuloespinal
18. Núcleo reticular lateral
19. Tracto rubroespinal
20. Núcleo olivar accesorio dorsal
21. Núcleo olivar inferior
22. Núcleo olivar accesorio medial
23. Núcleo arqueado

EL CÍRCULO DE WILLIS

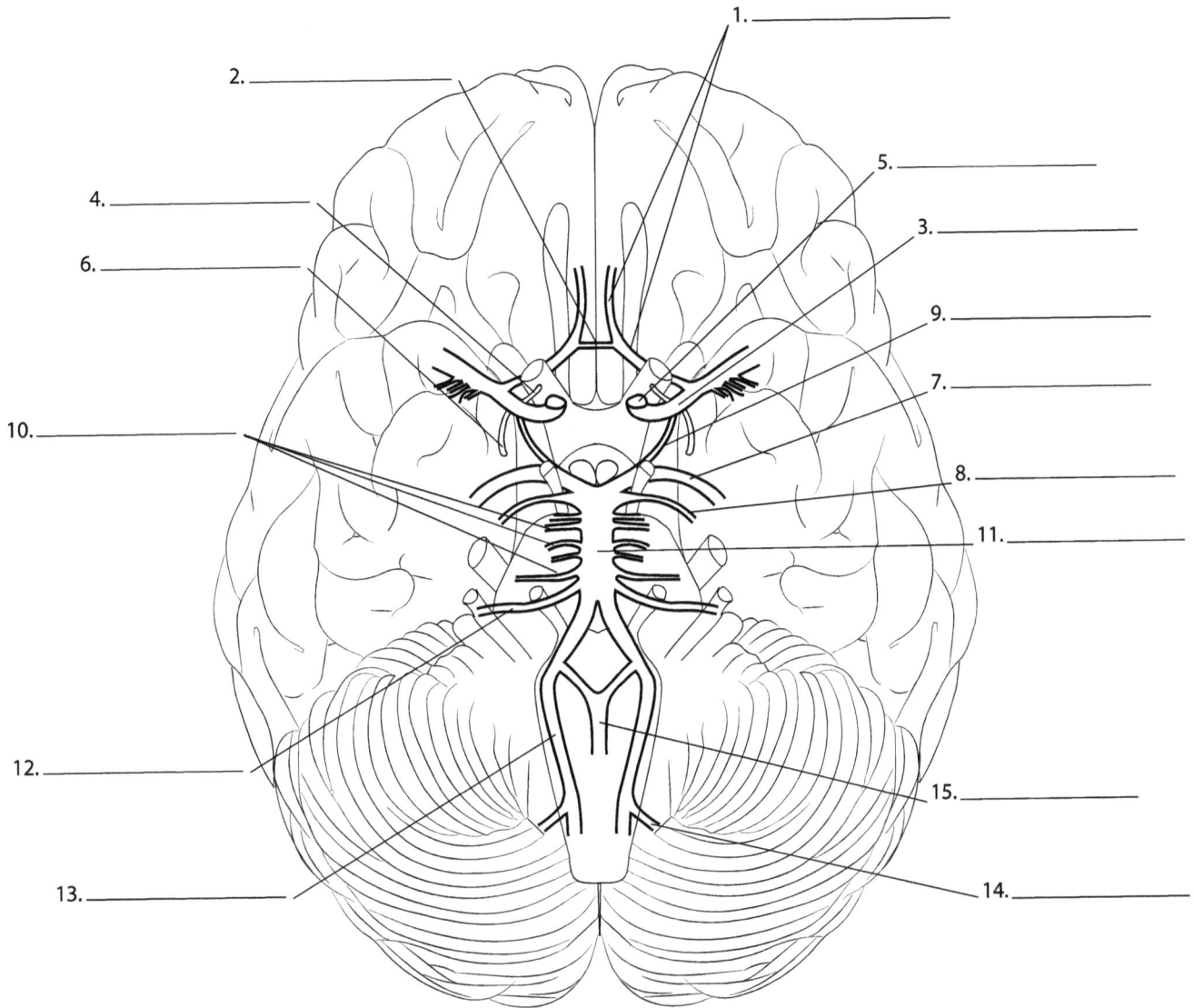

1. _____

2. _____

4. _____

6. _____

5. _____

3. _____

9. _____

7. _____

10. _____

8. _____

11. _____

12. _____

15. _____

13. _____

14. _____

EL CÍRCULO DE WILLIS

1. Arteria cerebral anterior
2. Arteria comunicante anterior
3. Arteria cerebral media
4. Arteria oftálmica
5. Arteria carótida interna
6. Arteria coroidea anterior
7. Arteria cerebral posterior
8. Arteria cerebelosa superior
9. Arteria comunicante posterior
10. Arterias pontinas
11. Arteria basilar
12. Arteria cerebelosa anteroinferior
13. Arteria vertebral
14. Arteria cerebelosa inferior posterior
15. Arteria espinal anterior

SISTEMA LÍMBICO (SE ELIMINAN LOS GANGLIOS BASALES)

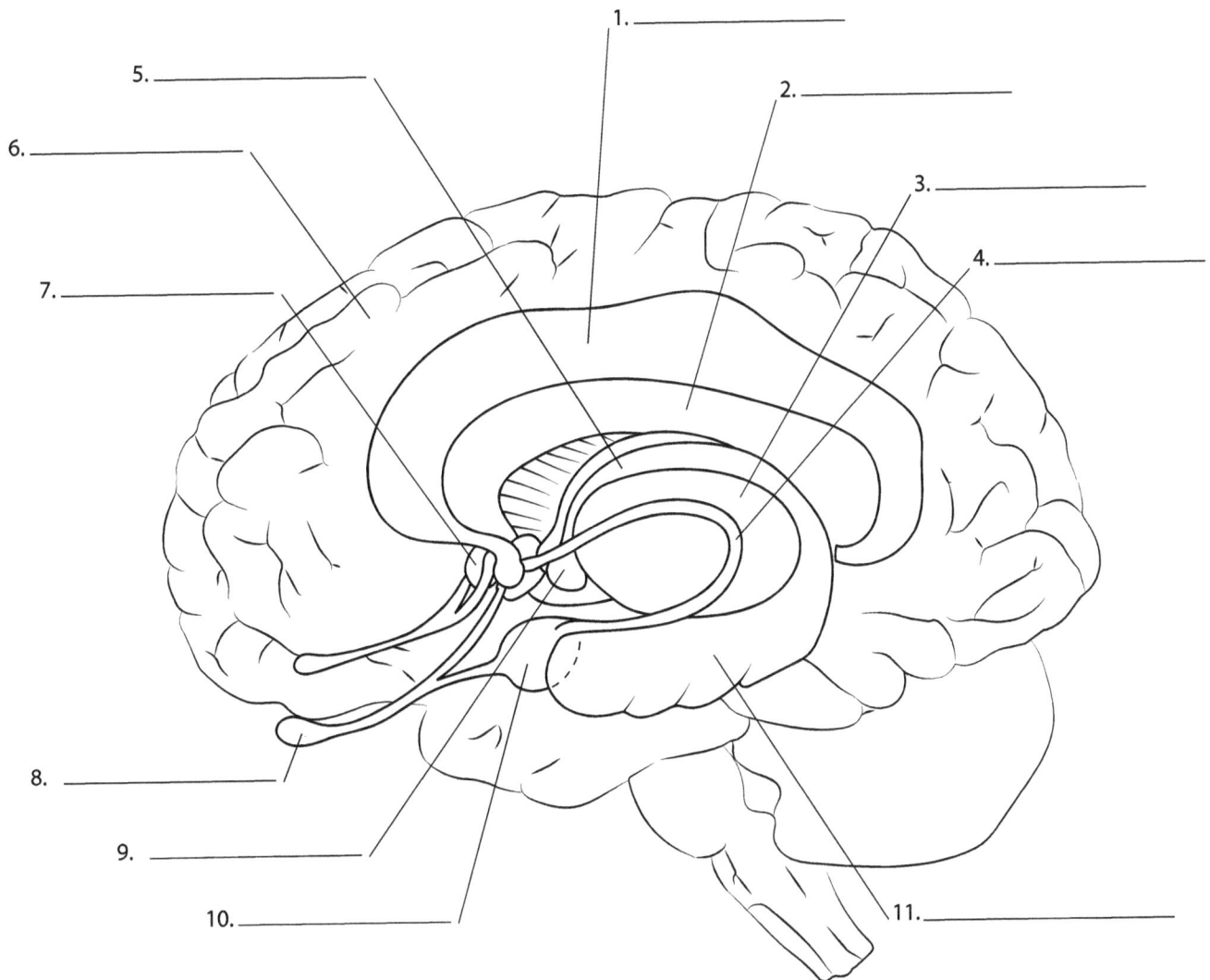

1. _____

2. _____

3. _____

4. _____

5. _____

6. _____

7. _____

8. _____

9. _____

10. _____

11. _____

SISTEMA LÍMBICO (SE ELIMINAN LOS GANGLIOS BASALES)

1. Corteza cingulada
2. Cuerpo calloso
3. Tálamo
4. Stria terminalis
5. Fornix
6. Corteza frontal
7. Pulpa
8. Bulbo olfatorio
9. Cuerpo mamilar
10. Amígdala
11. Hipocampo

VISTA CORONAL(1)

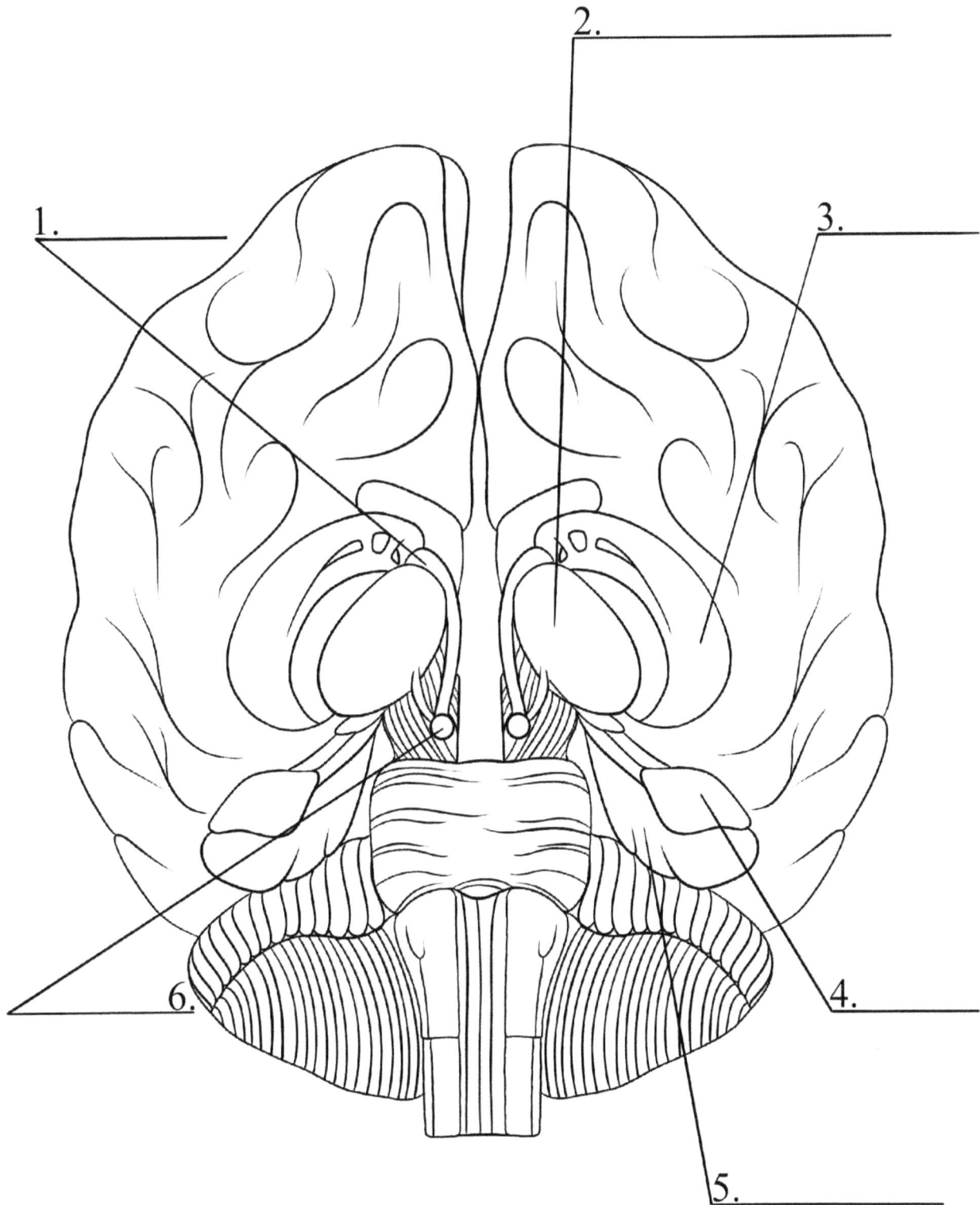

1.

2.

3.

4.

5.

6.

VISTA CORONAL (1)

1. Fornix
2. Tálamo
3. Putamen
4. Amígdala
5. Hipocampo
6. Cuerpo mamilar

VISTA CORONAL (2)

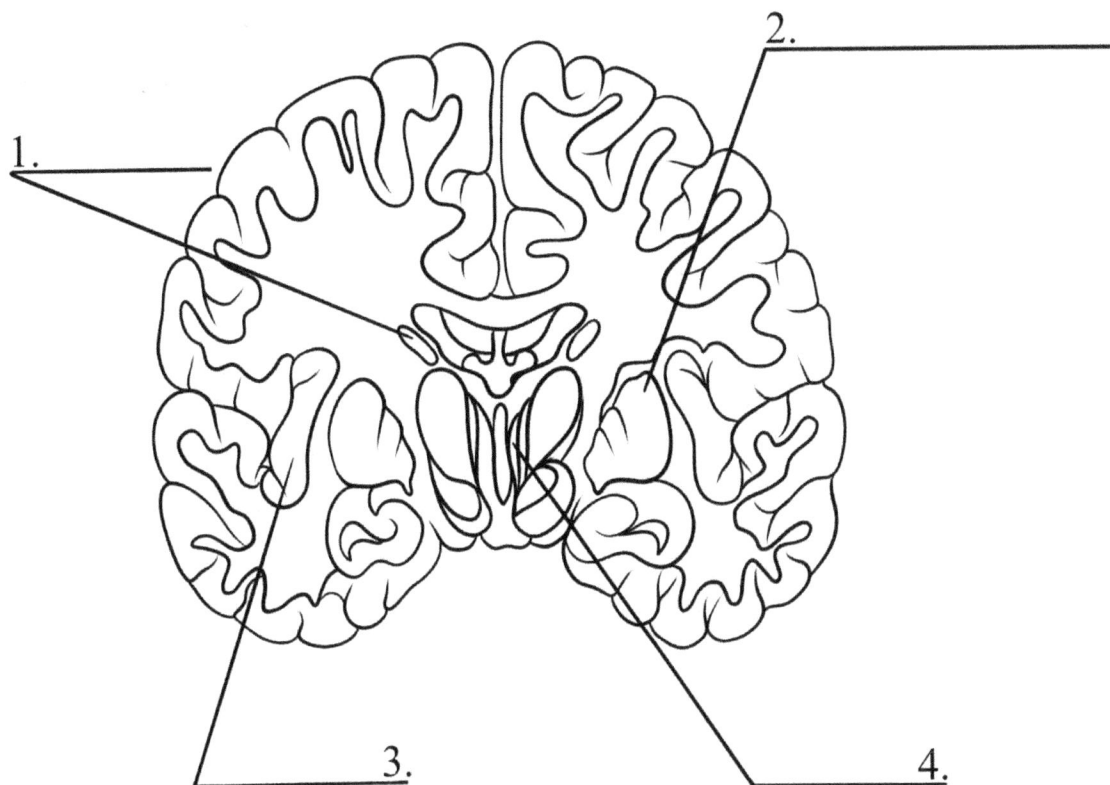

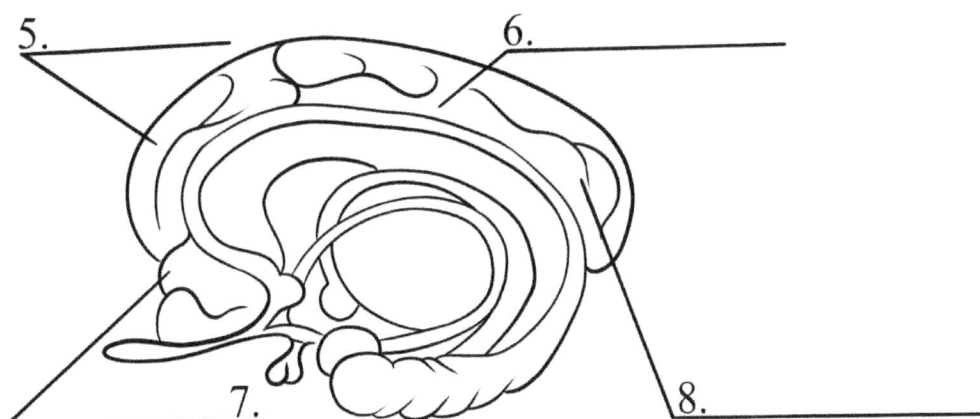

1.

2.

3.

4.

5.

6.

7.

8.

VISTA CORONAL (2)

1. Núcleo caudado

2. Putamen

3. Insula

4. Nucleus accumbens

5. Corteza cingulada anterior

6. Corteza cingulada media

7. Subgenual anterior

8. Corteza cingulada posterior

ESTRUCTURAS PROTECTORAS DEL CEREBRO

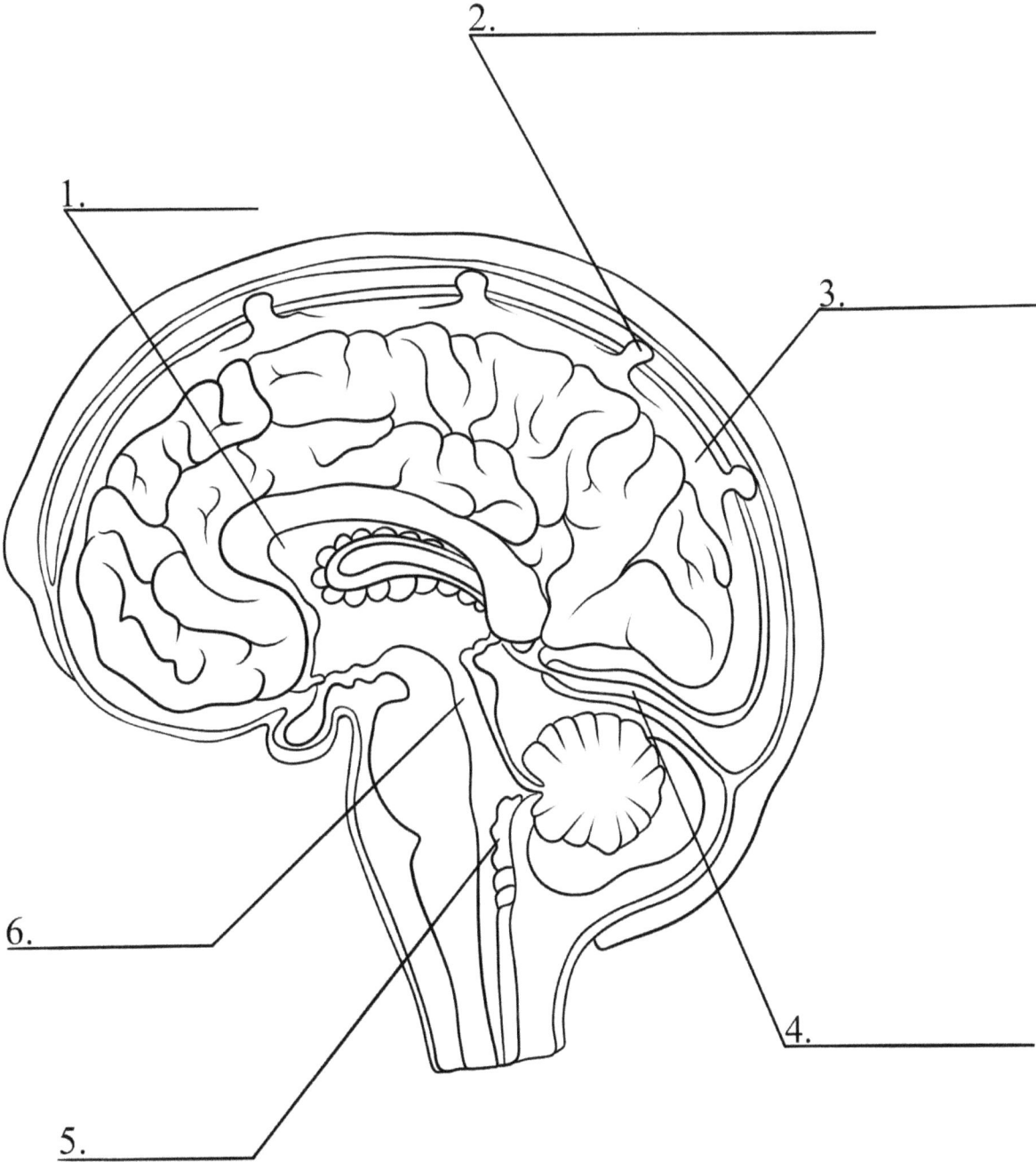

1.

2.

3.

4.

5.

6.

ESTRUCTURAS PROTECTORAS DEL CEREBRO

1. Tercer ventrículo
2. Vellosidades aracnoideas
3. Espacio subaracnoideo
4. Seno recto
5. Plexo coroideo
6. Acueducto cerebral

VISTA MIDSAGITTAL

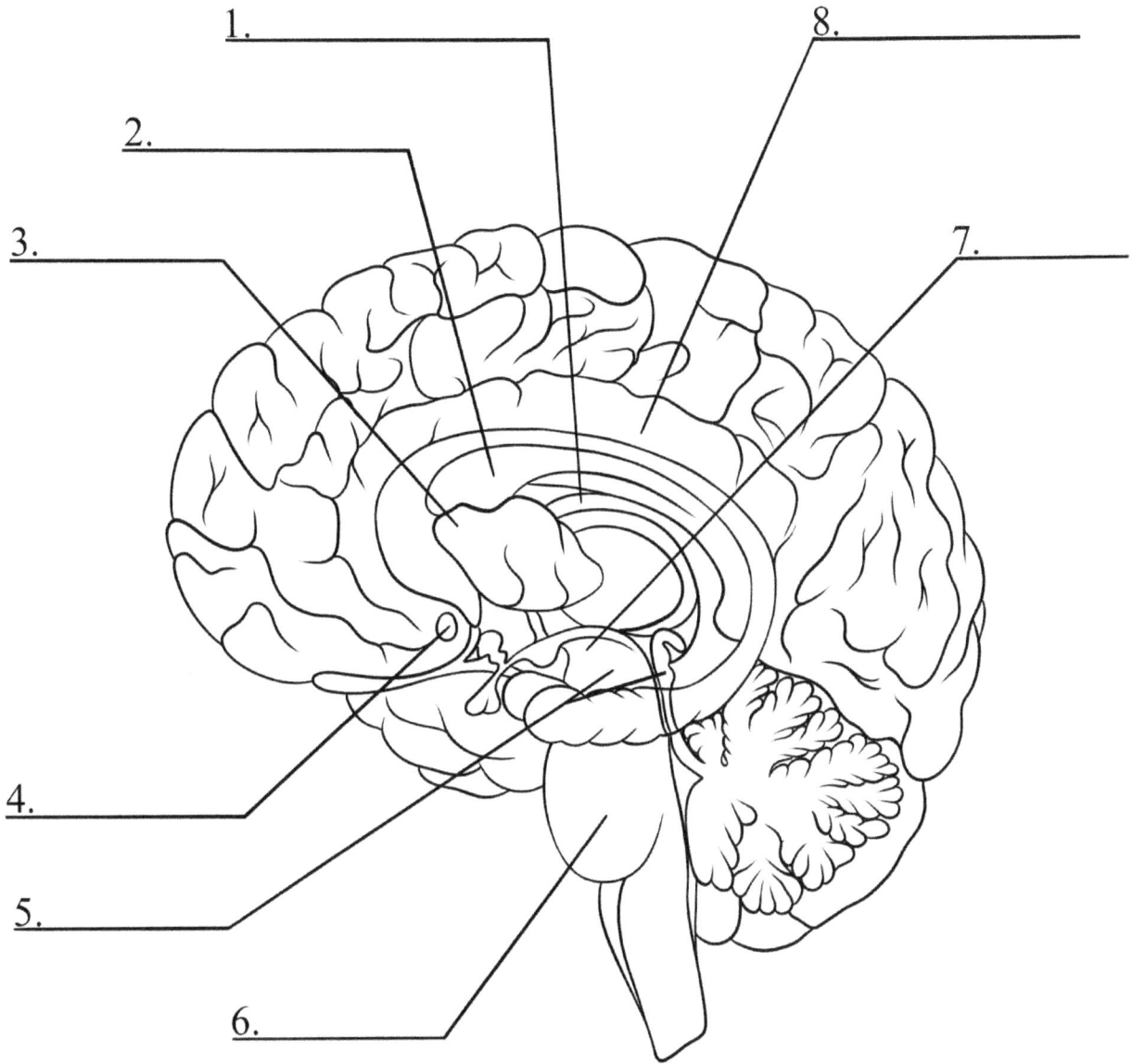

1.

2.

3.

4.

5.

6.

7.

8.

VISTA MIDSAGITTAL

1. Fornix

2. Caudado

3. Putamen

4. Nucleus accumbens

5. Mesencéfalo

6. Pons

7. Tegmentum ventral

8. Corteza cingulada

NERVIOS CRANEALES VISTA INFERIOR

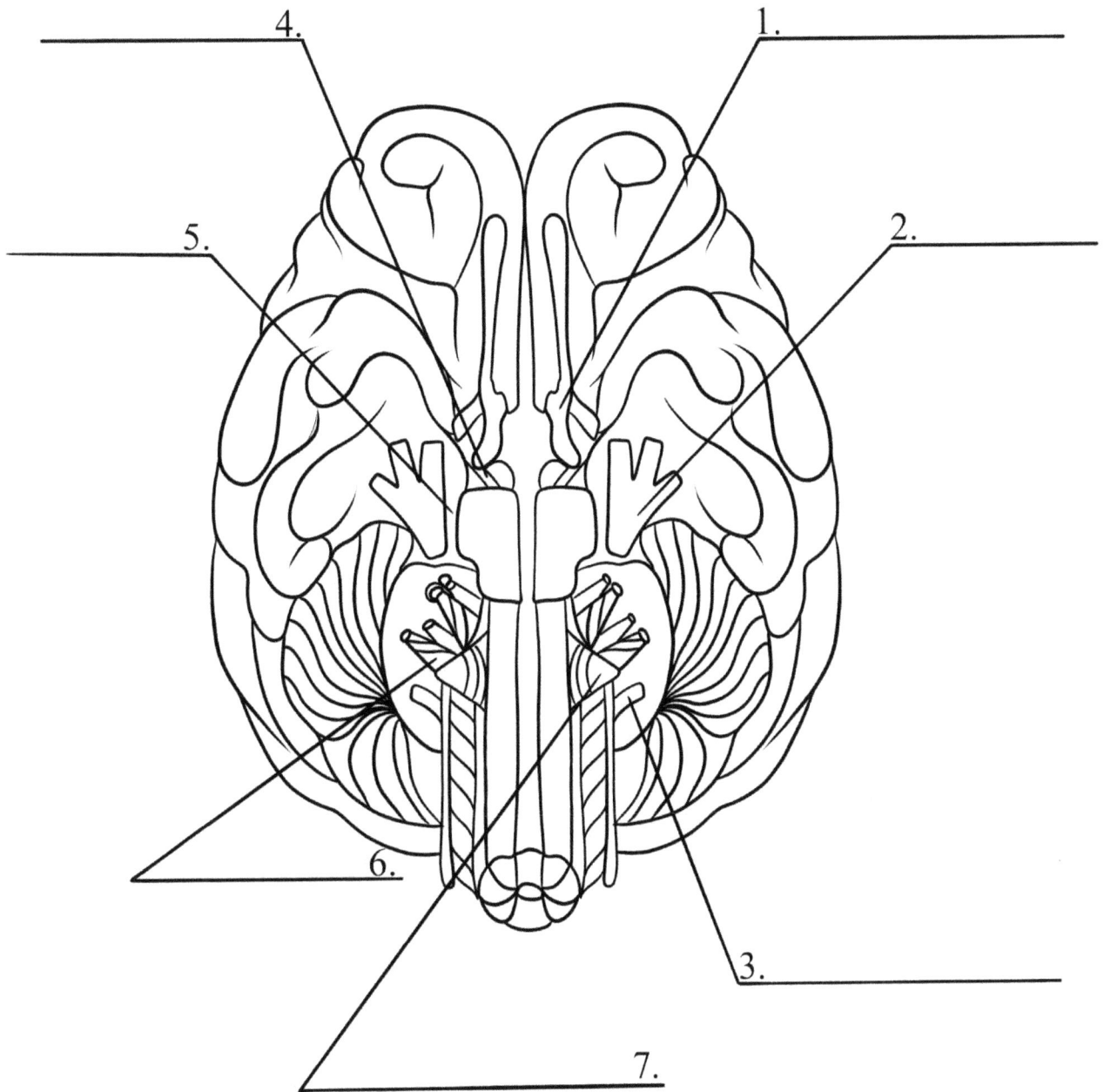

4.

1.

5.

2.

6.

3.

7.

NERVIOS CRANEALES VISTA INFERIOR

1. Nervio óptico

2. Nervio trigémino

3. Nervio accesorio

4. Nervio oculomotor

5. Nervio troclear

6. Nervio vago

7. Nervio hipogloso

TÁLAMO

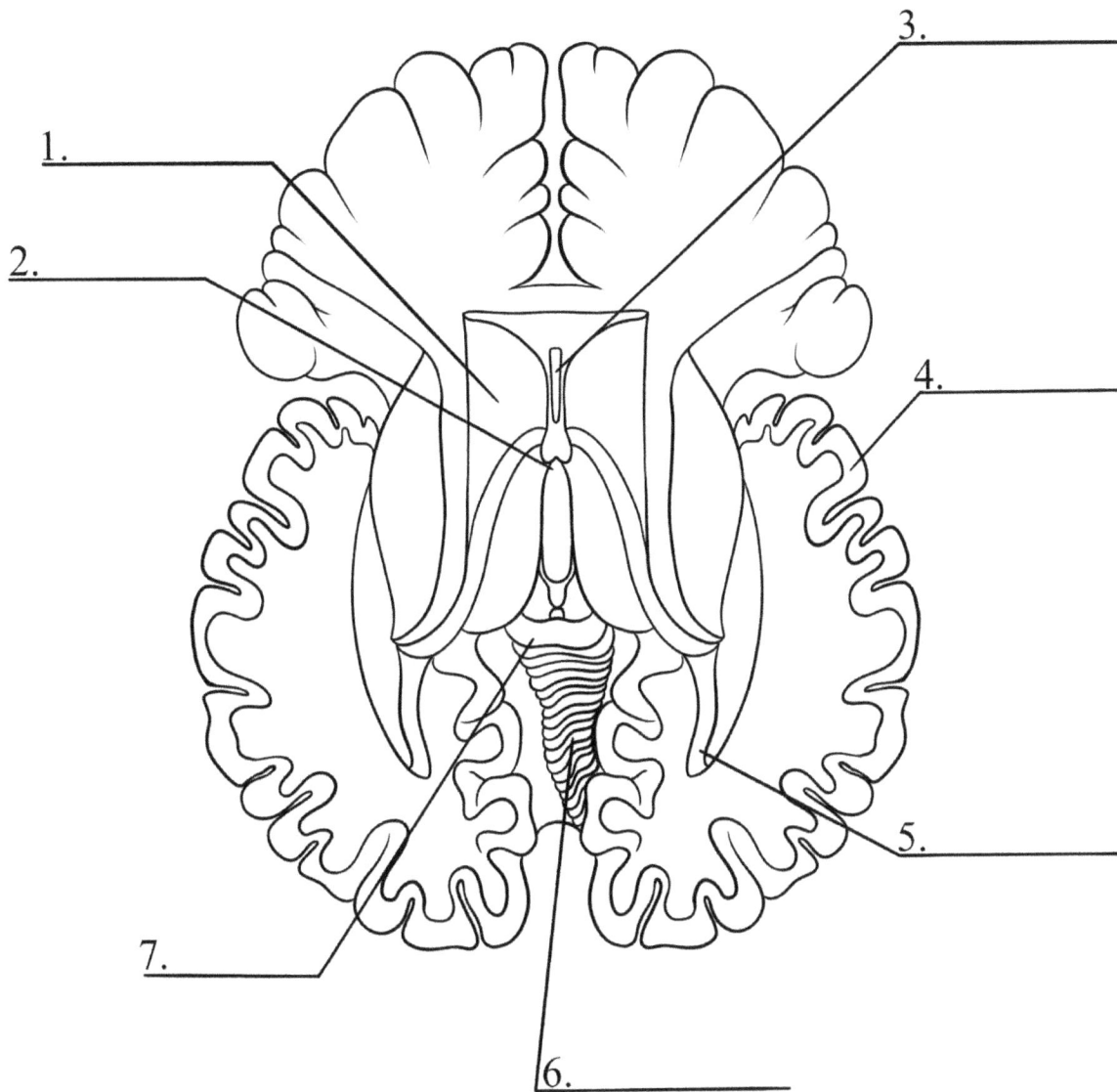

TÁLAMO

1. Cabeza de núcleo caudado
2. Comisura anterior
3. Cavidad del septum pellucidum
4. Corteza del lóbulo temporal
5. Cuerno posterior del ventrículo lateral
6. Vermis del cerebelo
7. Colículo inferior

RIEGO SANGUÍNEO DEL SISTEMA NERVIOSO CENTRAL

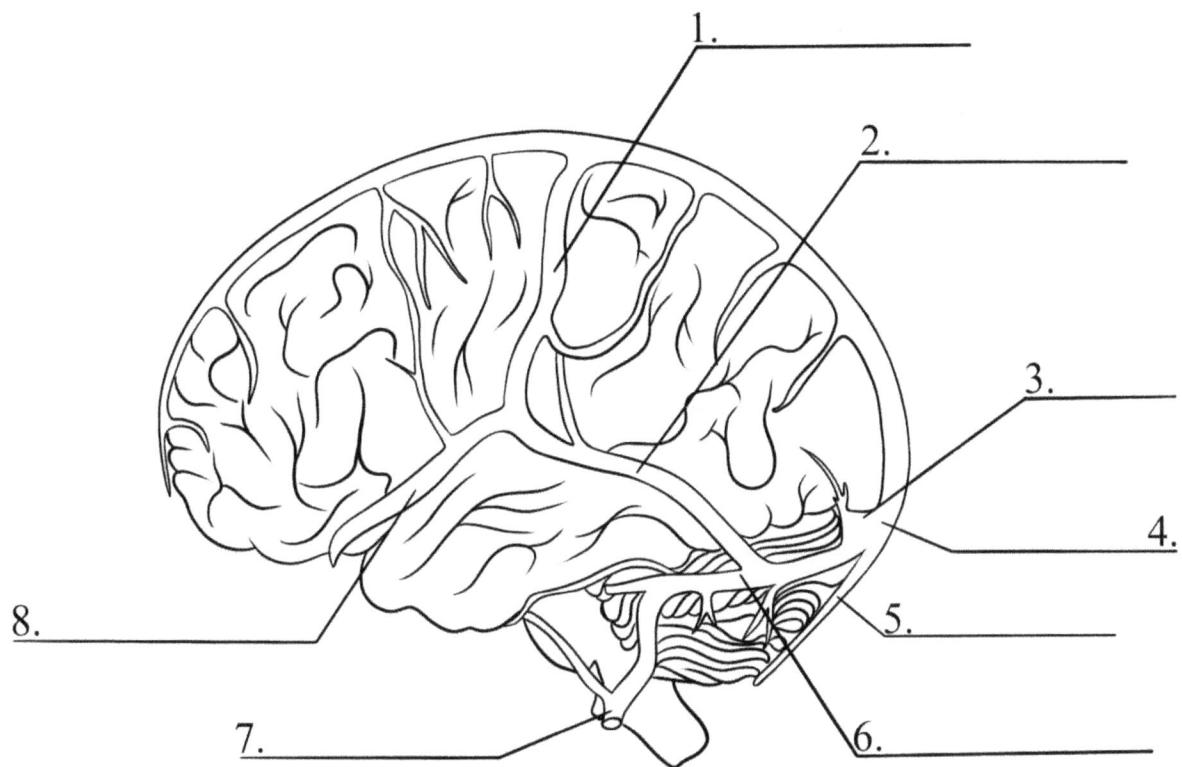

1. _____

2. _____

3. _____

4. _____

5. _____

6. _____

7. _____

8. _____

RIEGO SANGUÍNEO DEL SISTEMA NERVIOSO CENTRAL

1. Vena anastomótica superior de Troland
2. Vena anastomótica inferior de Labbe
3. Seno recto
4. Confluencia de senos nasales
5. Seno occipital
6. Seno transversal
7. Vena yugular interna
8. Vena cerebral media superficial

RIEGO SANGUÍNEO DEL SISTEMA NERVIOSO CENTRAL

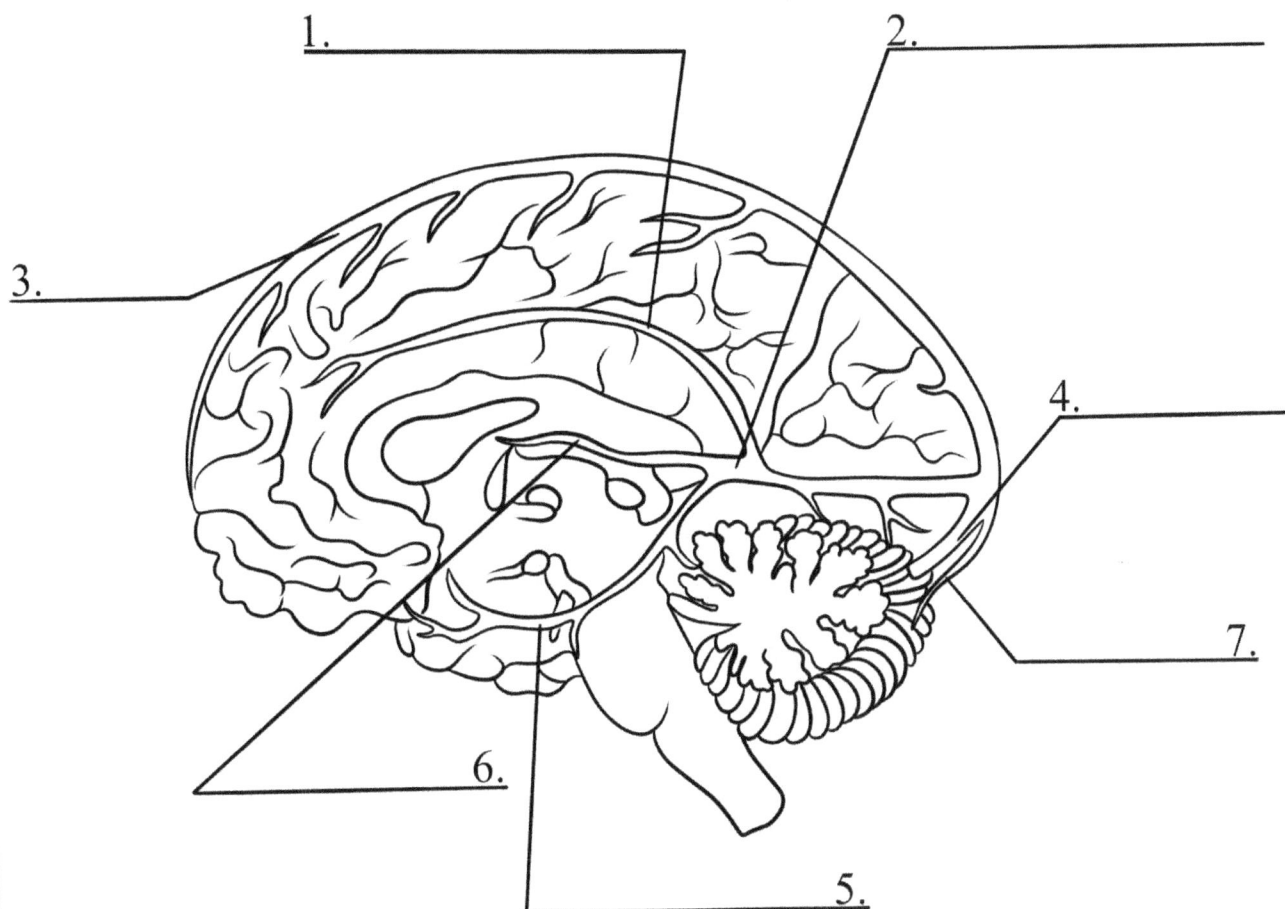

1.

2.

3.

4.

7.

6.

5.

RIEGO SANGUÍNEO DEL SISTEMA NERVIOSO CENTRAL

1. Anastomótica inferior

2. Gran vena de Galeno

3. Seno sagital superior

4. Seno transversal

5. Vena basal de Rosenthal

6. Vena cerebral interna

7.-Seno occipital

DISTRIBUCIÓN DE VASOS DE SANGRE

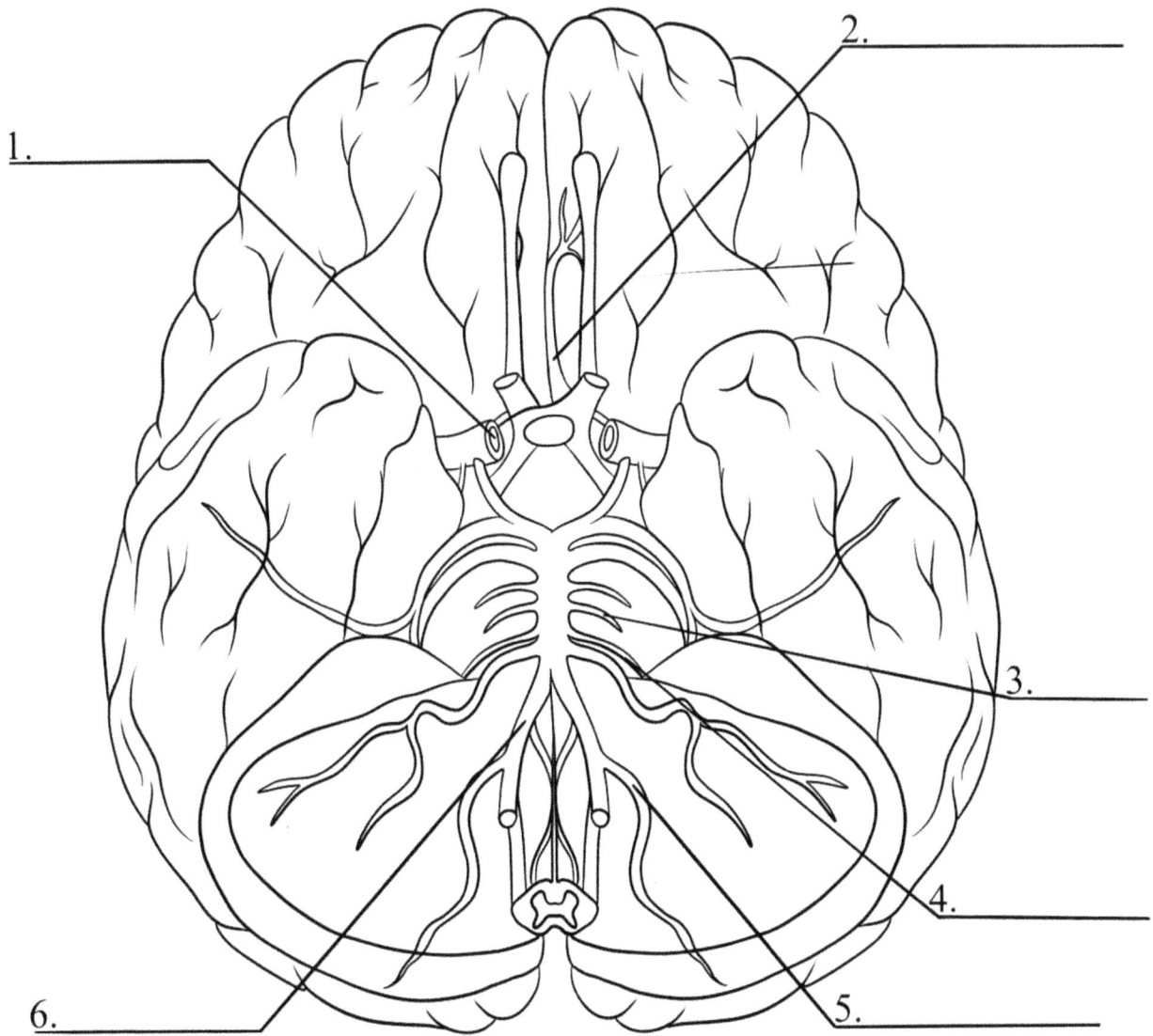

1.

2.

3.

4.

5.

6.

DISTRIBUCIÓN DE VASOS DE SANGRE

1. Carótida interna

2. Cerebral anterior

3. Pontino

4. Laheríntico

5. Cerebelo posterior inferior

6. Vertebral

HEMISFERIOS CEREBRALES

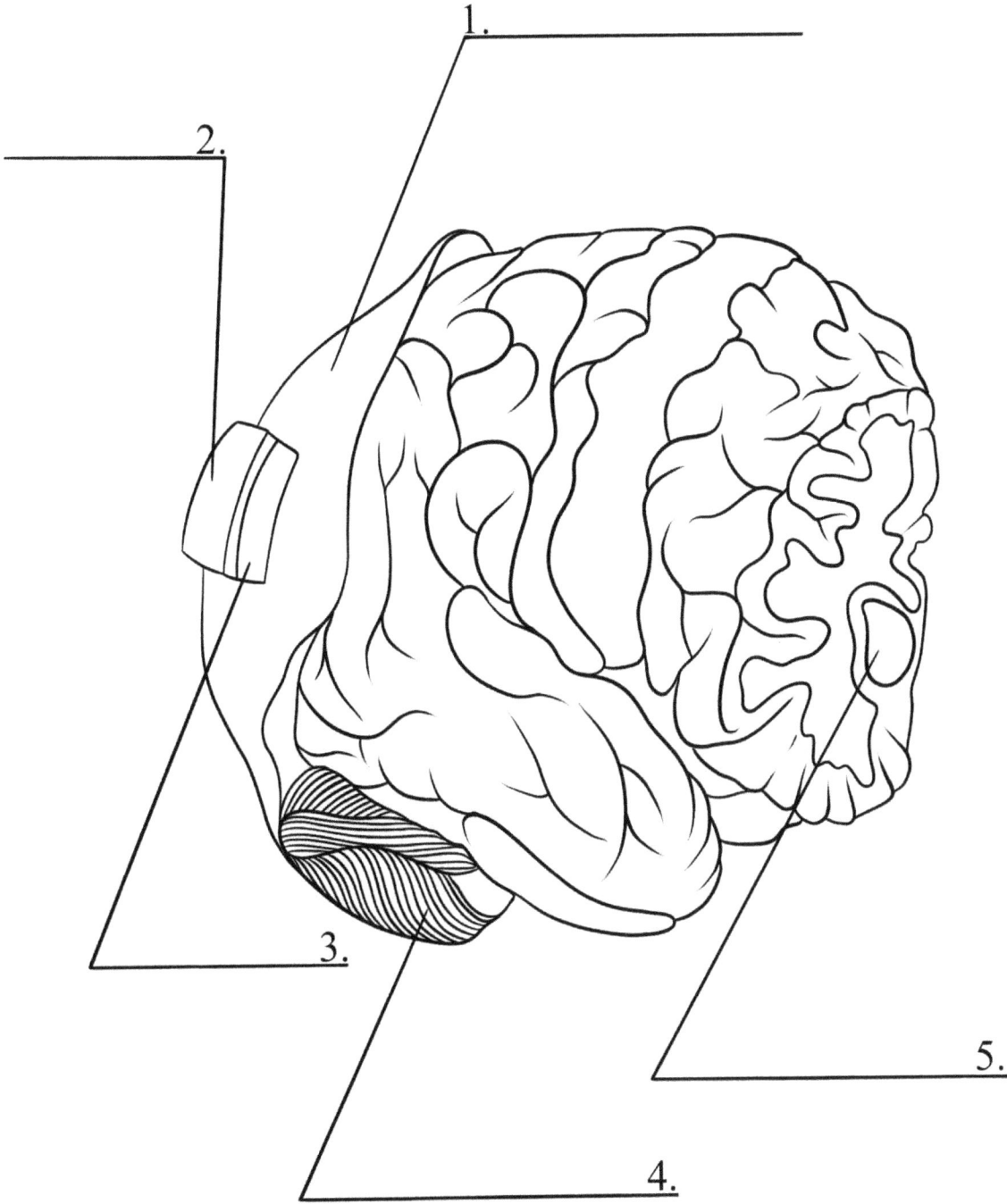

1.

2.

3.

4.

5.

HEMISFERIOS CEREBRALES

1. Dura mater

2. Cuero cabelludo

3. Cráneo

4. Cerebelo

5. El líquido cefalorraquídeo circula dentro de los ventrículos.

CIRCULACIÓN DE LÍQUIDO CEFALORRAQUÍDEO

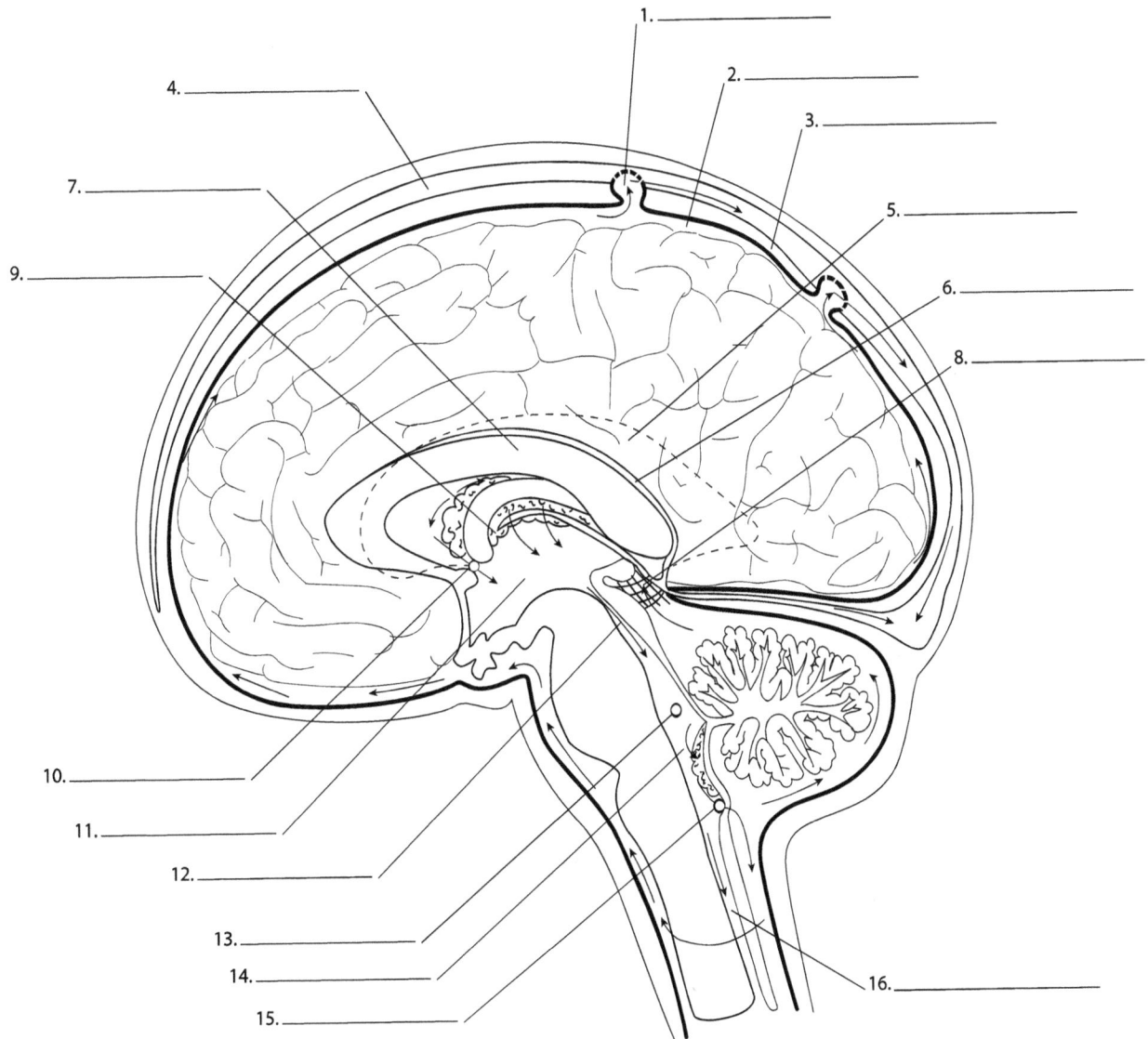

1. _____

2. _____

3. _____

4. _____

5. _____

6. _____

7. _____

8. _____

9. _____

10. _____

11. _____

12. _____

13. _____

14. _____

15. _____

16. _____

CIRCULACIÓN DE LÍQUIDO CEFALORRAQUÍDEO

1. Granulaciones aracnoideas
2. Espacio subaracnoideo
3. Duramadre meníngea
4. Seno sagital superior
5. Ventrículo lateral
6. Seno sagital inferior
7. Cuerpo calloso
8. Seno cavernoso
9. Plexo coroideo
10. Foramen interventricular de Monro
11. Tercer ventrículo
12. Acueducto cerebral (acueducto de Silvio)
13. Agujero lateral de Luschka
14. Cuarto ventrículo
15. Foramen de Magendie (apertura mediana)
16. Canal central

VENTRÍCULOS DEL CEREBRO

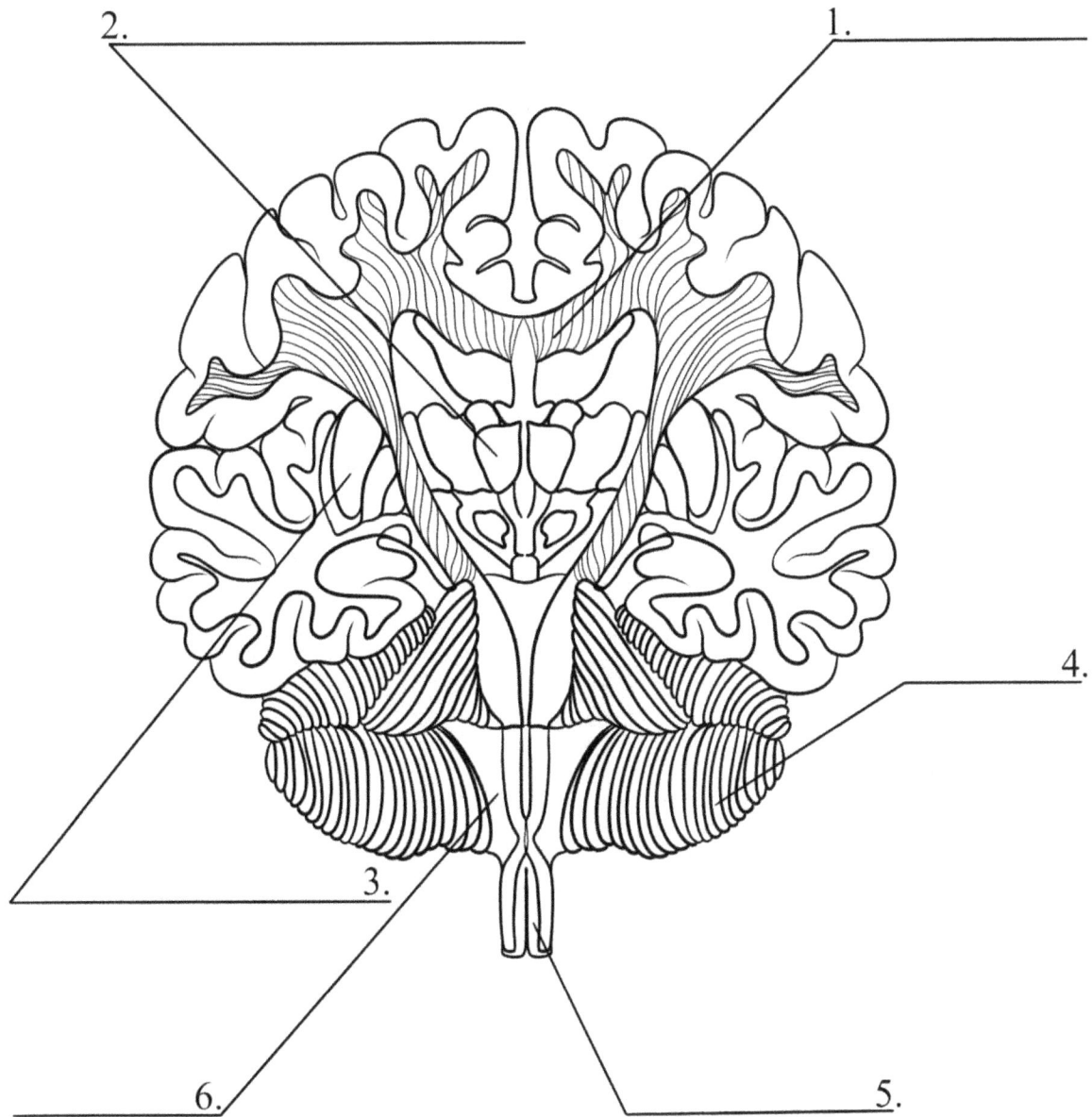

2. _____

1. _____

4. _____

3. _____

6. _____

5. _____

VENTRÍCULOS DEL CEREBRO

1. Corpus

2. Tálamo

3. Putamen

4. Cerebelo

5. Médula espinal

6. Médula

SISTEMA VISUAL

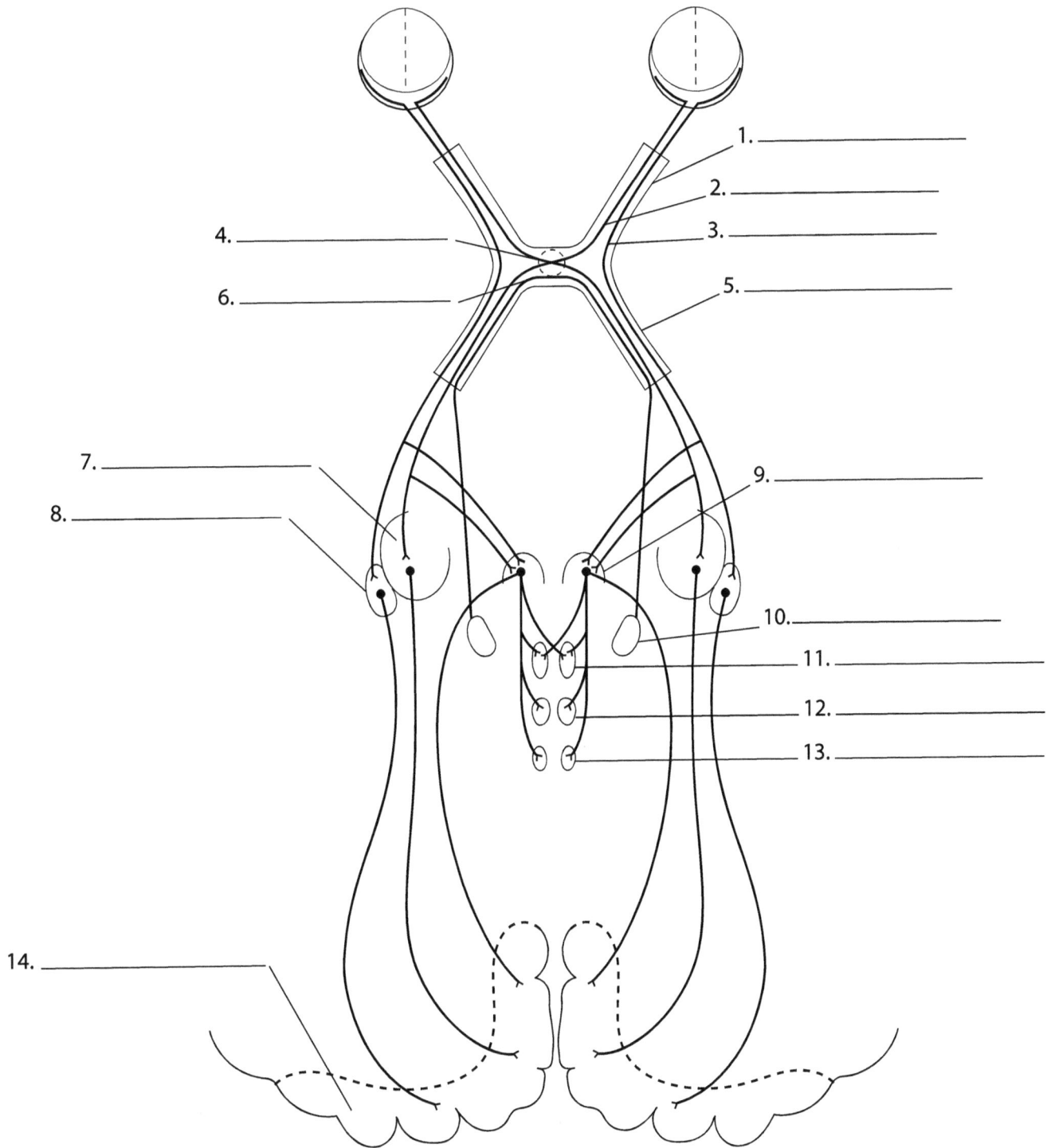

1. _____

2. _____

3. _____

4. _____

5. _____

6. _____

7. _____

8. _____

9. _____

10. _____

11. _____

12. _____

13. _____

14. _____

SISTEMA VISUAL

1. Nervio óptico
2. Fibras cruzadas
3. Descruzar fibras
4. Quiasma óptico
5. Tracto óptico
6. Comisura de Guden
7. Pulvinar
8. Cuerpo geniculado lateral
9. Colículo superior
10. Cuerpo geniculado medial
11. Núcleo del nervio motor ocular común
12. Núcleo del nervio troclear
13. Núcleo del nervio abducente
14. Corteza de lóbulos occipitales

NERVIO TRIGÉMINO

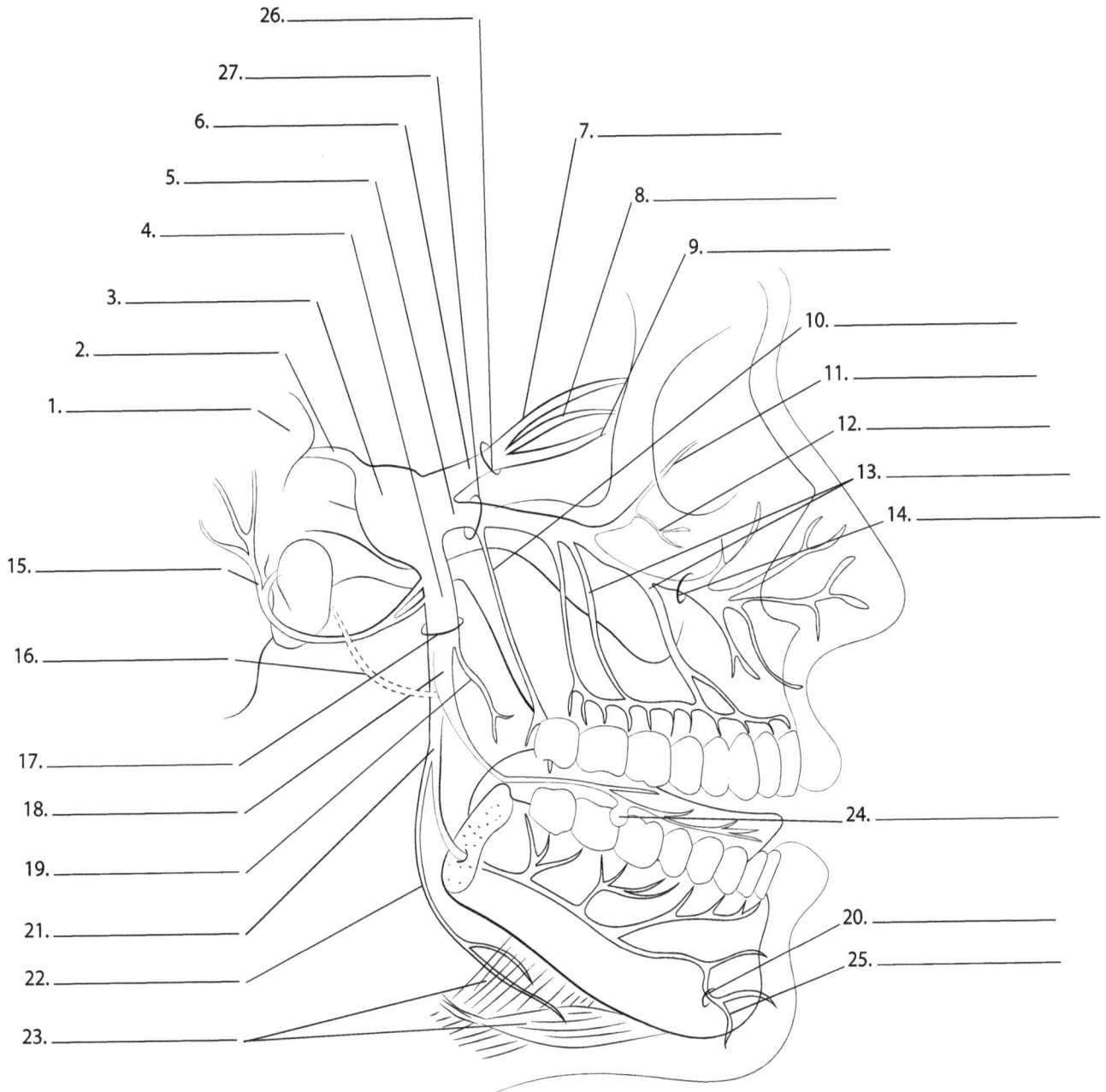

26. _____

27. _____

6. _____

5. _____

4. _____

3. _____

2. _____

1. _____

7. _____

8. _____

9. _____

10. _____

11. _____

12. _____

13. _____

14. _____

15. _____

16. _____

17. _____

18. _____

19. _____

21. _____

22. _____

23. _____

24. _____

20. _____

25. _____

NERVIO TRIGÉMINO

1. Puente de Varolio
2. Nervio trigémino
3. Ganglio trigémino (V)
4. División mandibular (V3)
5. División maxilar (V2)
6. División oftálmica (V1)
7. Nervio facial
8. Nervio lagrimal
9. Nervio nasociliar
10. Nervi palatini (majores y minores)
11. Nervio infraorbitario
12. Nervio cigomático
13. Nervios alveolares superiores
14. Foramen infraorbitario
15. Nervio auriculotemporal
16. Cuerda del tímpano
17. Foramen oval
18. Nervio lingual
19. Nervio bucal
20. Foramen mental
21. Nervios alveolares inferiores
22. Nervio milohioideo
23. Músculo milohioideo, vientre anterior del músculo digástrico
24. Ganglio submandibular
25. Nervio mental
26. Fisura orbitaria superior
27. Foramen rotundo

TIPOS DE NEURONAS BÁSICAS

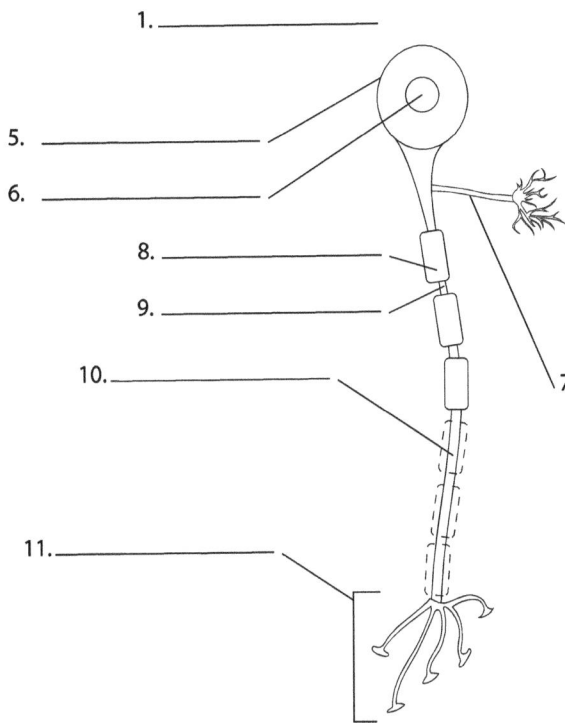

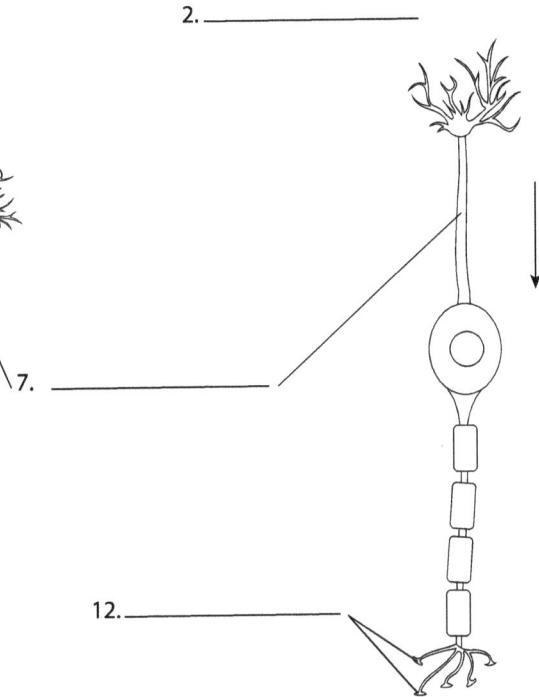

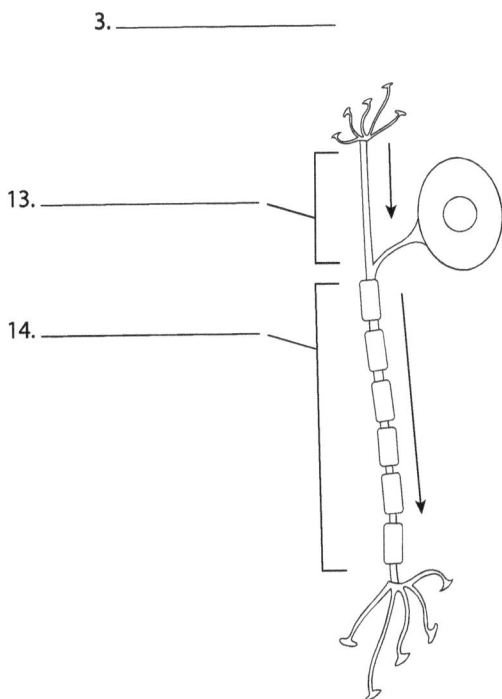

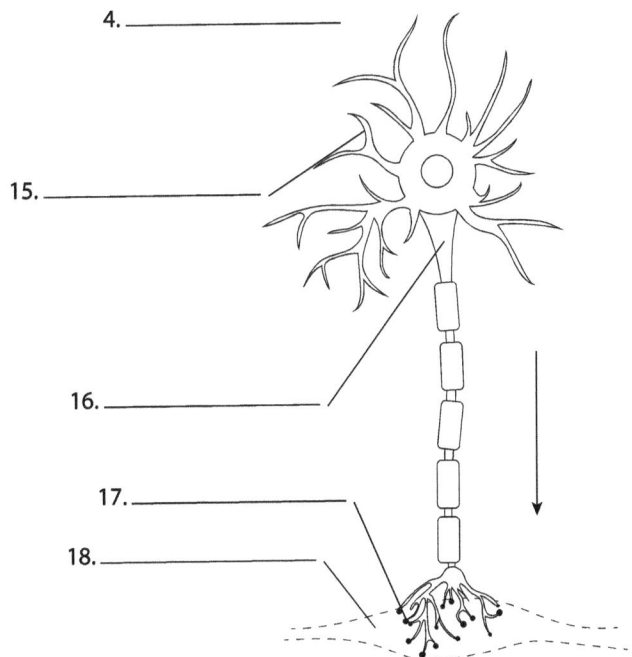

1. _____

5. _____

6. _____

8. _____

9. _____

10. _____

11. _____

2. _____

7. _____

12. _____

3. _____

13. _____

14. _____

4. _____

15. _____

16. _____

17. _____

18. _____

TIPOS DE NEURONAS BÁSICAS

1. Neurona unipolar
2. Neurona bipolar
3. Neurona pseudounipolar
4. Neurona multipolar
5. Cuerpo de la célula
6. Núcleo
7. Dendrita
8. Vaina de mielina
9. Nodo de Ranvier
10. Axon
11. Telodendria (terminales axónicos)
12. Botones de terminal
13. Rama periférica
14. Rama central
15. Dendritas
16. axón loma
17. Sinapsis neuromusculares
18. Músculo

ANATOMÍA DE LA MÉDULA ESPINAL

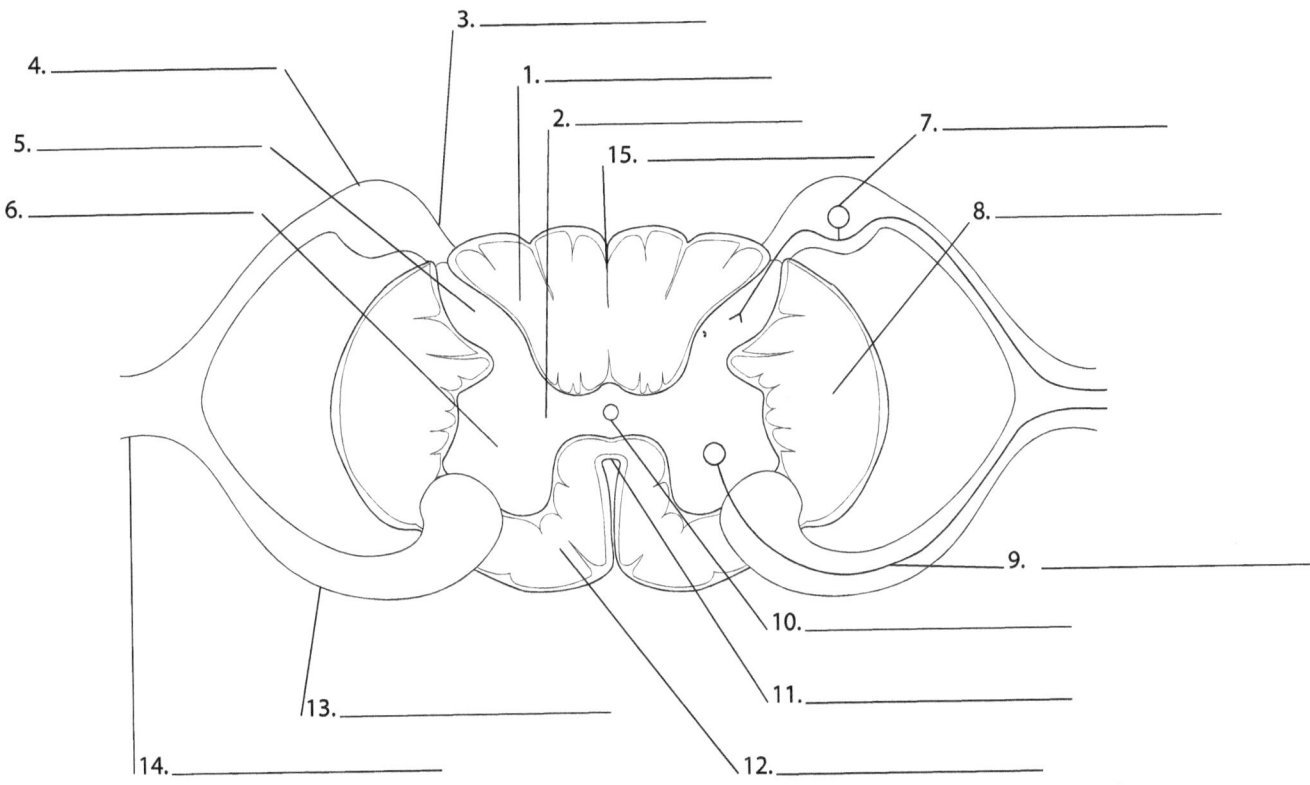

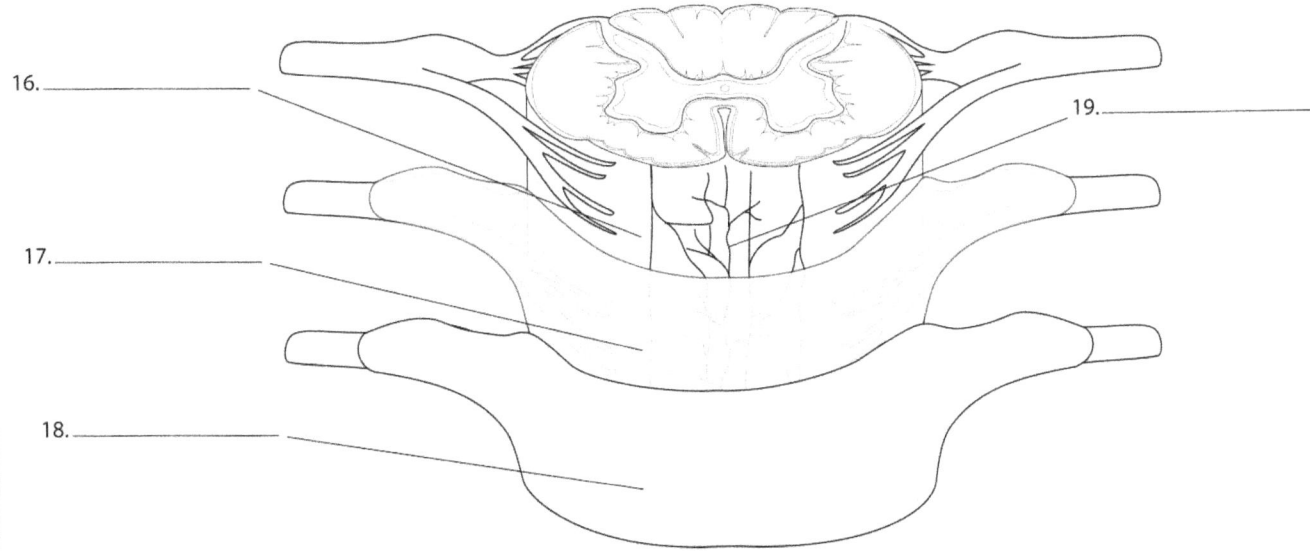

ANATOMÍA DE LA MÉDULA ESPINAL

1. Mater blanca
2. Mater gris
3. Espina dorsal
4. Ganglio de la raíz dorsal
5. Cuerno dorsal
6. Cuerno ventral
7. Soma de neuronas sensoriales
8. Funículo lateral
9. Neurona motora
10. Canal central
11. Fisura media anterior
12. Funículo anterior
13. Raíz ventral
14. Nervio Espinal
15. Surco medio posterior
16. Piamadre
17. Materia aracnoidea
18. Dura mater
19. Buques

TRACTOS DE LA MÉDULA ESPINAL

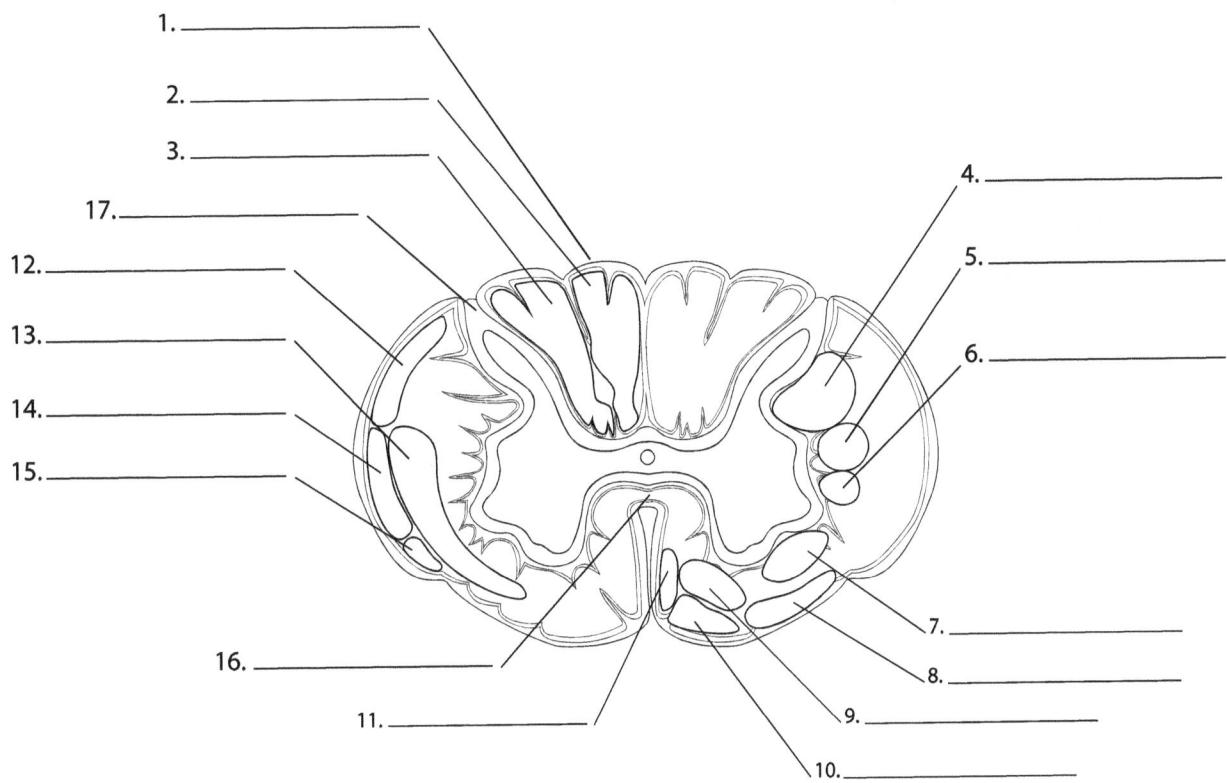

1. _____
2. _____
3. _____
17. _____
12. _____
13. _____
14. _____
15. _____
4. _____
5. _____
6. _____
7. _____
8. _____
9. _____
10. _____
16. _____
11. _____

TRACTOS DE LA MÉDULA ESPINAL

1. Sistema de columna posterior (dorsal)
2. Fascículo grácil
3. Fascículo cuneiforme
4. Tracto corticoespinal lateral (piramidal)
5. Tracto rubroespinal
6. Fibras autonómicas descendentes
7. Tracto reticuloespinal medular (lateral)
8. Tracto vestibuloespinal
9. Tracto reticuloespinal pontino (medial)
10. Tracto tectoespinal
11. Tracto corticoespinal anterior (ventral)
12. Tracto espinocerebeloso posterior (dorsal)
13. Sistema anterolateral (5 tractos)
14. Tracto espinocerebeloso anterior (ventral)
15. Tracto espino-olivar
16. Comisura anterior
17. Fascículo dorsolateral (tracto de Lissauer)

www.ingramcontent.com/pod-product-compliance
Lightning Source LLC
Chambersburg PA
CBHW051353200326
41521CB00014B/2556